DEVELOPMENT & APPLICATION OF

모빌리티 | 배터리 | 스마트폰 핵심요소기술

JN451677

냉각장치 · 냉각시스템 개발 및 활용

COOLING EQUIPMENT AND COOLING SYSTEM

구민사

냉각장치·냉각시스템 개발 및 활용

초판 인쇄 | 2023년 3월 2일
초판 발행 | 2023년 3월 10일

저 자 | 이국환
발행인 | 조규백
발행처 | 도서출판 구민사
(07293) 서울특별시 영등포구 문래북로 116, 604호(문래동3가 46, 트리플렉스)
전 화 | (02) 701-7421(~2)
팩 스 | (02) 3273-9642
홈페이지 | www.kuhminsa.co.kr
신고번호 | 제2012-000055호 (1980년 2월 4일)
I S B N | 979-11-6875-216-0(93500)

값 32,000원

과학기술의 획기적인 발전은 우리 실생활에 많은 유익과 편의성을 제공한다. 빠른 속도로 융·복합 연구개발이 진행되는 4차 산업혁명 시대에 있어 TV를 비롯한 첨단 가전제품 분야, 디스플레이, LED, 조명, 전력 디바이스를 비롯한 전기전자 분야와 스마트폰, 반도체, 반도체소자, 반도체장비 등을 비롯한 정보통신 및 반도체 분야, 전기자동차, 수소자동차, 드론 등을 비롯한 모빌리티 분야 그리고 리튬이온 배터리, 에너지저장장치(ESS)를 비롯한 배터리 분야 등 여러 산업 분야에서 눈부신 기술발전이 이루어지고 있다.

특히 최근 전기자동차, 수소자동차를 비롯한 전동화 모빌리티(mobility, 이동수단)와 전장 그리고 첨단 전기전자기기는 경량화, 박형화, 소형화, 다기능화가 추구되고 있다. 이런 추세로 인해 전기전자기기와 소자가 고집적화될수록 더욱 많은 열이 발생하는데, 이러한 방출 열은 제품과 시스템, 소자의 기능을 저하시킬 뿐만 아니라 주변 소자의 오작동으로 인해 기능과 성능에 있어 열화 등의 원인이 되며, 발열로 인해 화재와 폭발 사고까지 발생하고 있는 실정이다.
또한 전자회로에 사용되는 칩의 집적도와 성능 향상에 따른 전력 소비가 급격히 증가함에 따라 종래의 전통적인 열발산 방식(또는 냉각 방식)이나 공기 냉각(공기 흐름 등) 등의 냉각기술은 점차 냉각처리 능력의 한계(부족)로 인해 사용이 제한되고 있어, 이를 극복하고 해결할 수 있는 활성화된 냉각기술이 요구되는 단계에 접어들고 있다. 따라서 이에 대처하고 근본적인 발열에 대한 문제를 해결하기 위해 열을 발산하여 식혀 제품이나 시스템의 성능과 품질을 유지하고, 오랫동안 사용하게 해주는 냉각장치 또는 냉각시스템에 대한 기술개발의 필요성이 아주 중요하다. 그리고 제품과 시스템, 디바이스에 적합한 최적의 냉각시스템이 절실히 요구되고 있는 상황이므로, 새로운 냉각시스템에 대한 적용 기술과 개발 등에 대하여 상세히 설명하고자 한다.

본 저서인 4차 산업혁명의 핵심기술, 스마트폰·전기자동차·전장·배터리·디스플레이·조명·에너지저장장치(ESS) 등을 위한 기술개발과 연구사례 중심의 **'냉각장치 · 냉각시스템(Cooling System) 개발 및 활용'**은 전기자동차, 수소자동차, 스마트폰, 전장, 디스플레이, LED 조명, 전기전자, 에너지저장장치(ESS) 등을 위한 기술개발과 연구사례를 중심으로 하여 최신의 냉각장치와 냉각시스템에 대한 기술개발의 내용을 이해하기 쉽게 기술하였다.
또한 새로운 냉각장치의 개발과 설계 그리고 공정과 제조기술에 대한 발명특허를 예시로 제시하여 관련 기술에 대한 이해도를 높이고자 하였다.

PREFACE

미국의 한 통계 자료에 의하면 전자기기 고장의 약 55% 정도가 작동 중에 발생되는 발열에 의한 온도 상승에 의하여 발생한다고 하였다. 발열 문제는 전기를 사용하는 모든 전자기기에 있어 어쩔 수 없이 발생하는 치명적인 문제이다. 그런데 첨단 제품과 시스템에 계속 새로운 기능이 추가되고 고성능화됨에 따라 현재 우리가 일상에서 사용하고 있는 전자기기의 전기 사용량도 계속 증가하고 있다.
전자기기의 고성능, 고도화, 집적화, 다기능화, 경박단소, 간편화, 장시간 사용 등으로 인한 열발생으로 전자기기의 고장이 크게 증가하는 문제가 발생하고 있다. 따라서 이러한 문제를 해결하고자 밀폐되고 제한되어 있는 공간에서도 아주 효과적이며 뛰어난 냉각 효과를 갖는 새로운 냉각기술, 즉 새로운 냉각시스템에 대한 작동원리, 기술개발, 적용 사례 등의 예시를 제시하며 본 저서를 저술하였다.

저자는 35년 이상을 연구개발에 전념을 해오고 있다. 그리고 75권이 넘는 공학기술 분야, R&D 및 기술사업화 분야, 창의성 분야 등 다양한 분야의 저서를 출간하였다.
그동안 공학자, 연구개발자로서의 신념은 '과학기술(Science & Technology)이란 인간의 일상생활을 풍족하고 편리하게 해주는 도구이자 수단'이 되어야 한다는 것이다. 그것도 인간의 문명 발전과 번영에 유익한 도구이며 수단으로서.

아무쪼록 본서가 기술개발과 산업발전에 있어 훌륭한 길잡이가 되었으면 한다. 그리고 기술보국(技術報國)의 현장에서 최선을 다하는 독자들에게 큰 도움이 되기를 바라며, 끝으로 자료를 제공해 준 (주)피엠모터스 이제민 대표와 이 책을 펴내는데 있어 수고해 주신 도서출판 구민사 사장님과 전무님을 비롯한 편집부 여러분께 진심으로 감사를 드린다.

공학박사 이 국 환(李國煥)

PREFACE

CHAPTER 01

냉각시스템 기술의 전개

CHAPTER 02

냉각시스템 기술개발

CHAPTER 03

베이퍼 체임버(챔버)와 기타 방열시스템의 개발과 차별화

CHAPTER 04

냉각시스템의 적용과 사례연구(1)

삼성 및 LG 스마트폰-히트 파이프와 베이퍼 체임버(챔버)를 중심으로

CHAPTER 05

냉각시스템의 적용과 사례연구(2)

애플 아이폰 6S의 해석과 개선설계 – 히트 파이프와 베이퍼 체임버(챔버)를 중심으로

CONTENTS

CHAPTER 06

냉각장치 및 냉각시스템의 적용

디스플레이 · 조명 · 전기전자 · 전장 등

CHAPTER 07

LED 디스플레이, 모니터 분야의 냉각시스템 적용

CHAPTER 08

배터리 백업시스템에서의 냉각시스템 적용

CHAPTER 09

태양광 냉각시스템

CHAPTER 10

전기자동차 · 전장 및 배터리 냉각시스템

CONTENTS

CHAPTER 11

냉각장치 기술분석 및 요점 정리

CHAPTER 12

발명특허의 사례연구

배터리팩 방열장치 및 그 제조 방법

CHAPTER 01

냉각시스템(Cooling System) 기술의 전개

01 발열의 냉각기술(냉각시스템) - 스마트폰

드문 사례이지만 스마트폰의 폭발로 인한 화상, 화재사고는 거의 배터리의 문제로부터 생긴다. 이는 장기 사용으로 인해 배터리가 부풀어 오르는 경우가 있다. 이런 현상을 배터리 스웰링(swelling)이라고 한다. 스웰링은 리튬-이온 배터리(Li-ion battery) 내부에 이온 전해액이 기화되어 가스가 발생해 부풀어 오르는 현상으로, 불량 제품이 아니어도 배터리 노후화로 인하여 나타날 수도 있다. 스웰링 현상으로 성능 저하나 배터리가 정상적으로 동작되지 않는 등의 문제가 발생한다. 사용 중 배터리 스웰링 현상은 서서히 발생하며 점차 정도가 심해진다.

배터리 외부 커버가 많이 들리거나, 떨어질 정도로 심하게 부푼 경우, 뜨거운 경우, 흔들리거나 소리나 냄새가 나는 경우는 화재나 폭발이 발생할 위험이 있기에 안전을 위해서는 바로 폐기하는 것이 좋다. 일반적으로 배터리의 수명은 교체 주기인 2년이 보통이다. 잘만 관리한다면 5년까지도 쓸 수 있다.

스마트폰에는 대부분 리튬-이온(Li-ion) 충전 배터리가 장착되어 있다. 이 배터리가 충전될 때 화학반응으로 인해 열이 발생된다. 굉장히 드문 경우이긴 하지만 모든 배터리가 극단적인 상황에서 폭발할 수 있는 화학적 조성을 가지고 있다. 이는 바로 배터리에서 발생하는 전기적인 발열 때문이다.

또 다른 원인으로는 배터리에 가해진 외부의 힘(압력, 충격 등)이다. 스마트폰의 바디(body, 몸체)가 대부분 가벼운 플라스틱으로 되어 있기 때문에 압력이나 충격에 취약하다. 따라서 이러한 압력이나 충격이 배터리로 전해지기에 사고가 발생할 수도 있다.

여기에서는 스마트폰에서 발생되는 열에 대하여 자세히 서술하고자 한다. 또한 전류가 계속 소모되는 통화할 때나 전기 공급이 계속되는 충전할 때 그리고 외부 힘으로 배터리에 발생하는 압력이나 충격에 대응하여 배터리의 안전성을 확보하고 유지하기 위한 안전성 평가 및 신뢰성 시험법 등에 대해서도 자세히 설명하고자 한다. 이를 기반으로 배터리의 안전성이 확보된 스마트폰을 설계할 수가 있다.

(1) 스마트폰의 발열 온도

표 1.1은 여러 스마트폰의 최저온도, 최고온도, 평균온도를 측정한 값을 보여준다. 이 온도는 스마트폰의 스탠바이(통화 대기), 통화 시, 충전 시 등 모든 환경과 상황을 고려하여 측정한 데이터(자료)이다.

▶ 표 1.1 여러 스마트폰에서 측정한 발열온도 데이터(자료)

최저온도	평균온도	최고온도
갤럭시 S4 화이트 : 32.7℃	갤럭시 S4 화이트 : 47.3℃	갤럭시 S4 화이트 : 58.2℃
갤럭시 S4 블랙 : 34.7℃	갤럭시 S4 블랙 : 47.5℃	갤럭시 S4 블랙 : 58.8℃
갤럭시 S5 : 31.1℃	갤럭시 S5 : 38.6℃	갤럭시 S5 : 39.7℃
옵티머스G PRO : 27.4℃	옵티머스G PRO : 37.6℃	옵티머스G PRO : 44.1℃

최고온도는 약 60℃에 근접하고, 평균적으로 40℃가 넘는 발열이 생긴다. 이로 인하여 다음과 같은 현상이 발생한다.

① 저온 화상에 걸릴 위험이 있다.
② 발열로 인한 부품 및 기기 성능의 저하가 발생한다.
③ 부속품의 빠른 소모가 생긴다.

※ 저온 화상이란 체온보다 약간 높은 40~50℃의 온도에서 지속적인 노출로 생기는 화상으로, 피부의 괴사와 수포가 발생할 수 있고, 감각이 무뎌질 수 있다.

(2) 배터리 안전성 확보

삼성 갤럭시 S8 배터리의 안전성 확보를 위한 방침은 다음과 같다.

① 배터리 안전성 확보를 위한 8단계의 검사 시스템을 새롭게 도입 및 구축
② 배터리를 제조와 조립 과정에서 두 단계에 걸쳐 전수검사

③ 스마트폰 내부에 배터리 탑재 공간을 추가로 확보해 소비자가 제품을 떨어뜨리는 경우에도 물리적 충격을 최소화하는 구조 및 장치
④ 수축현상이 일어나지 않는 강화된 소재의 절연체 테이프 사용
⑤ 배터리 전수검사 항목의 설정(규정)
- 배터리 외관
- TVOC : 전해액 누출감지
- 델타OCV : 상온 방치 뒤 전압변화 확인

표 1.2는 배터리의 발열로 인한 스마트폰의 화재 및 폭발 방지를 위해서 삼성전자가 강화한 배터리검사 항목들이다.

▶▶ 표 1.2 삼성전자가 강화한 배터리검사 항목

검사 항목	신설 또는 강화	변경 내용	공정 단계	검사 범위
안전성 평가	강화	검사 횟수 증가	부품	샘플
외관검사	강화	기준 강화	제조공정	전수
엑스레이	강화	추가 검사	부품	샘플
충 · 방전시험	신규	-	부품 · 완제품	샘플
TVOC	신규	-	제조공정	전수
해체검사	강화	추가 검사	부품	샘플
가속시험	신규	-	완제품	샘플
델타OCV	강화	추가 검사	부품 · 제조공정	전수

(3) LG전자 스마트폰 G6 배터리 안전성 평가

다양한 안전성 평가 및 품질 테스트(배터리 안전성 검사만 20개, 완제품도 방수 · 낙하 실험 등 모든 테스트에 5,000시간이 걸린다)가 있다.

LG전자의 프리미엄 스마트폰 G6는 3,300mAh 배터리 위로 무게 9.1kg의 강철추를 61cm 높이에서 낙하시켜 떨어뜨리는 충격시험을 하고, 배터리를 향해 날카로운 못이 빠른 속도로 올라와 배터리를 뚫는 등 극한 시험을 한다. 배터리가 찌그러지고 관통된 구멍을 뚫거나, 배터리에서 불꽃이 튀거나 폭발하는지의 이상 유무를 확인하며 점검하고 있다.

배터리 평가 연구소는 배터리 설계상 안전을 검증하는 평가실, 엑스레이 등을 활용한 분석실까지 갖추

고 있다. 이곳에서는 충격, 압력, 관통, 열노출, 연속 충·방전 등의 배터리 시험이 가능하다. 배터리에 관한 모든 검증을 한 곳에서 할 수 있으며, 안전성 검사만 20여 가지가 있다. G6 배터리는 위에서 강하게 떨어지는 무게추 충격시험만 수백 번 이상 진행하며, 배터리를 불속에 넣는 강제 연소시험도 이뤄진다. 극단적 상황에서 배터리가 폭발하더라도 파편으로 화재가 발생하는 것을 방지하기 위해서이다. 배터리가 터졌을 때 파편이 일정 범위(지름 61cm) 밖으로 튀지 않아야 합격 판정을 받을 수 있다. 배터리의 전해액이 흘러나오는지를 확인하는 휘발성유기화합물(TVOC)검사, 배터리 셀(cell)과 팩을 분해해 분석하는 검사 등도 이뤄진다.

표 1.3은 배터리의 발열로 인한 스마트폰의 화재 및 폭발 방지를 위해서 LG전자가 강화한 배터리 주요 안전성검사 항목들이다.

▶▶ 표 1.3 LG전자 G6 배터리의 주요 안전성검사 항목

검사 종류	테스트 내용	합격 기준
충격시험	배터리에 지름 15.8mm의 쇠막대를 올리고, 무게 9.1kg의 추를 61cm 높이에서 낙하	발화 및 폭발 없을 것
관통시험	날카로운 못을 이용해 빠른 속도로 배터리 관통	발화 및 폭발 없을 것
열노출시험	국제기준(130도)보다 15% 이상 높은 고온에 노출	발화 및 폭발 없을 것
화재시험	배터리를 강제 연소해 파편이 직경 61cm 울타리를 관통하는지 확인	파편 관통 없을 것
엑스레이 분석	엑스레이로 배터리 음극판 등 정렬 확인	자체 기준 통과
분해 분석	배터리 셀과 팩 분해 분석	내부 치수 확인
누액검사	휘발성 유기화합물(TVOC) 분석을 통해 전해액이 흘러나오는지 확인	전해액 누출 없을 것
충·방전검사	고온에서 연속 충방전 후 배터리 팽창 여부 확인	자체 기준 통과

(4) 스마트폰 완제품의 신뢰성 시험

① 충격(낙하, 작은 충격)

② 환경(고온, 저온, 습도)

③ 내구성(휘어짐, 압력)

④ 성능(소모전류, 발열, 충격)

⑤ 오디오 · 화질(카메라)

⑥ 방수 · 방진(IP68 등급)

● 방수 · 낙하 등 다양한 테스트

G6 완제품 테스트는 제품 시험실에서 한다. 각종 기구를 이용해 G6의 내구성을 테스트하고 있다. 1m 높이의 투명 플라스틱 통에 제품을 넣고 360도 회전시키는 연속 낙하시험기로 수백 번씩 통을 회전해 제품을 떨어뜨리면서 낙하시험 시 잔충격에 스마트폰이 얼마나 잘 견디는지와 이상 여부를 확인한다.

스마트폰 품질 테스트 항목이 1,000개 이상이고, 품질 기준은 6만여 개에 달하고, 모든 테스트를 통과하는 데는 최대 5,000시간이 걸린다. 여기에 방수시험도 추가되었다. G6은 LG전자 스마트폰 가운데 처음으로 수심 1.5m에서 30분간 방치해도 문제가 없는 'IP68 등급'을 받았다. 방수뿐만 아니라 온도, 습도, 진동 충격 등 미국 국방부의 내구성 테스트 14개 항목을 통과했다.

(5) 발열에 따른 문제점 및 개선의 사례

스마트폰 발열의 원인, 문제점과 이에 대한 해결 방안의 예를 표 1.4와 같이 간략하게 요약하였다.

▶▶ 표 1.4 스마트폰 발열의 원인, 문제점과 해결 방안의 예

문제점		문제해결 방안
① CPU의 고성능화, 새로운 기능의 추가 ② 쿨링시스템(Cooling system)의 혁신적인 기술의 부재	➡	① 히트 파이프의 사용 ② 방열 시트의 사용 → 그래핀(graphene) 소재(실리콘 대체물질로 각광을 받으며 가장 중요한 차세대 소재로 평가)

1) 문제해결 방안(온도를 낮추는 방법)

지금까지 알려진 과학기술을 활용하여 온도를 낮추는 방법, 즉 냉각을 위한 방법들은 다음과 같이 많다. 그러면 어떻게 이러한 과학기술의 원리를 구현하여 산업분야에 맞는 제품이나 시스템 등에 응용 · 적용하고 활용하여 최적의 결과를 만들어 내는 활동이 바로 연구 및 기술개발의 핵심이다.

① 기화열을 이용하는 방법
② 압력을 낮추어 온도를 낮추는 방법
③ 펠티어 소자(Peltier element, device)를 이용한 방법(서로 다른 금속의 양단에 전기를 통하였을 때 양단 면에 온도차가 일어나는 현상을 이용한 방법)

④ 제베크 효과(Seebeck effect, 두 종류의 금속을 고리 모양으로 연결하고, 한쪽 접점을 고온, 다른 쪽을 저온으로 했을 때 회로에 전류가 흐르는 현상)를 이용한 방법
⑤ 표면을 거칠게 하여 열전달이 잘되도록 하여 온도를 낮추는 방법
⑥ 표면적을 크게 하여 열발산을 빠르게 하는 방법(heat sink, 히트 싱크)
⑦ 히트 파이프(heat pipe)의 사용
⑧ 방열 시트의 사용 → 쿨링 패드, 그래핀 소재

2) 개선 사항(히트 파이프의 사용)

그림 1.1은 히트 파이프(heat pipe) 원리의 개념도이며, 냉각하기 위해서는 다음과 같은 사이클(cycle)을 가진다.

① 파이프의 한쪽 끝에 열을 가한다(가열).
② 내부의 휘발성 액체가 기체로 변하여(증발), 열이 가해진 반대편으로 이동한다.
③ 파이프의 다른 끝으로 이동한 기체가 열을 외부로 방출한다(방열).
④ 기체가 다시 액체로 변해 본래의 위치로 돌아가며 순환한다(냉각).

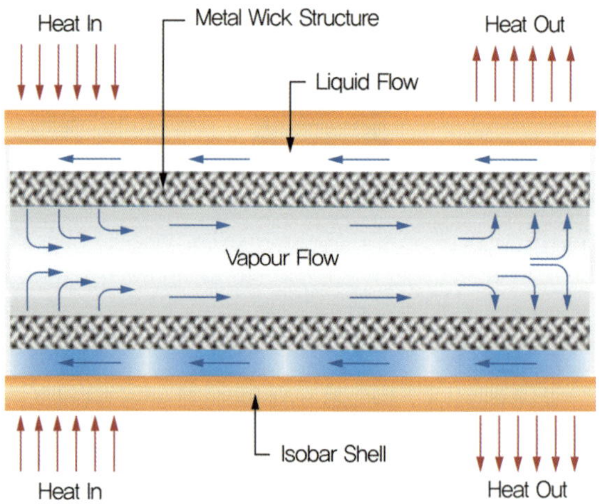

그림 1.1 히트 파이프 원리의 개념도

(6) 히트 파이프(Heat pipe)와 방열설계 개념도

스마트폰의 방열 성능을 높이기 위한 냉각장치기술을 채택하여 국제기준보다 높은 엄격한 안전성 테스트 기준을 강화하였다.

열전도와 확산에 탁월한 구리 소재의 히트 파이프로 내부 열분산 설계기술을 확보하였다. 발열문제를 해결하기 위해 최근 출시한 스마트폰에 데스크톱, 노트북 PC 냉각장치로 활용되던 '히트 파이프(heat pipe)'를 장착하는 사례가 증가하고 있다.

그림 1.2와 같이 LG G6 스마트폰을 분해하여 히트 파이프를 분석해 보면 히트 파이프는 두께 0.4mm, 길이 60~80mm인 구리관으로, 모바일 응용프로세서(AP, Application Processor, 애플리케이션 프로세서)가 있는 부분에서 열이 발생하면 히트 파이프 내부에 담긴 소량의 휘발성 냉매가 열에 의해 기화된다.

기화된 냉매는 기체와 액체의 압력차로 반대쪽으로 밀려 나가 열을 방출하고 식어 다시 액체가 된다. 이 과정을 반복하면서 히트 파이프는 모바일 응용프로세서(AP)를 식혀주는 역할을 수행한다. 히트 파이프를 장착하면 AP의 온도를 약 6~10%까지 낮출 수 있다.

① 보드(board, 즉 PCB)에서 발생한 열을 작동유체가 흡수하여 증발하게 되고, 저온인 응축부로 증발한 기체가 이동하여 다시 유체로 응축하는 방법을 반복 순환한다.

② 히트 파이프 내부는 진공상태이기 때문에 낮은 온도에서도 쉽게 증발한다.

③ 일반적으로 20~150°C에서 작용한다.

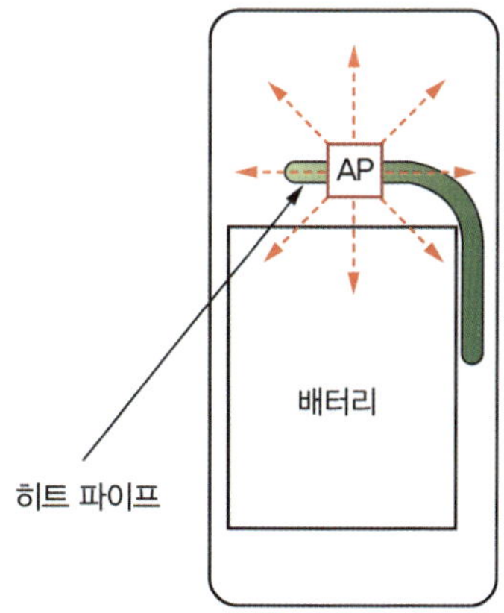

그림 1.2 LG 스마트폰 G6에 적용된 히트 파이프의 평면 배치도(개념도)

LG전자 "방열 성능 강화" … '히트 파이프' 채택 시험 기준 상향

갤노트7 의식한 듯 신제품 안전성 강조

[LG G6 배터리, 150도 열기에도 이상 없다]
LG전자는 열을 쉽게 전도·확산하는 구리 소재를 사용해 '히트 파이프(Heat pipe)'를 만들어 G6에 탑재했다. 히트 파이프는 통상 데스크톱, 노트북 PC에서 흔히 사용하는 파이프 구조의 냉각장치이다.
스마트폰의 내부 열을 분산해 애플리케이션 프로세서(AP) 온도를 약 6~10% 낮추고, 이 열이 배터리로 전달돼 발화 사고를 일으키는 것을 막는 데 도움을 줄 것으로 보고 있다.
LG전자는 AP를 비롯해 디스플레이 구동칩 등 열이 많이 나는 부품 간의 거리를 충분히 떼어놓아 열이 한 곳에 몰리지 않고, 분산되도록 G6 내부 구조를 설치했다고 설명했다.

(7) 히트 파이프 설계에 의한 배터리 안전성 확보

최근 스마트폰 폭발이 인명사고로 이어지는 사례가 늘자, LG전자는 G6 스마트폰을 개발하면서 안전성을 높이는 데도 힘을 쏟아왔다. 일단 G6에 '히트 파이프'를 처음으로 적용했다. 히트 파이프는 노트북, PC 등에 많이 사용하는 냉각장치(cooling system)로, 스마트폰 내부 열을 효과적으로 분산시켜 주요 발열 원인인 애플리케이션 프로세서(AP) 온도를 6~10%까지 낮춰준다. 소재는 열전도와 확산에 탁월한 구리를 사용했다.

심한 발열을 미리 막을 수 있도록 부품 간 거리를 충분히 확보하는 형태로 설계하는 데도 힘썼다. 보통 스마트폰에서 AP 다음으로 열이 많이 발생되는 부품이 드라이버 IC(integrated circuit, 집적회로)이다. LG전자는 G6의 설계를 변경해 드라이버 IC와 AP의 거리를 최대한 확보하고, 배터리와도 멀리 떨어뜨려 열이 기기 내부에서 고르게 분산되도록 했다.

또 LG전자는 배터리에 대해 국제 기준보다 훨씬 엄격한 기준으로 품질을 검증하고 있다. 배터리 열노출 시험의 경우 미국(IEEE1725[1])과 유럽(IEC62.133[2])의 국제 기준 규격보다 15% 이상 높은 온도로 테스트를 실시한다. 날카로운 못으로 배터리 중앙을 찌르는 관통 테스트, 일정 높이에서 무거운 물체를 떨어뜨리는 충격 테스트도 실시한다.

(8) 히트 스프레더(Heat spreader)의 상세설계 및 적용

① **제품명 :** 히트 스프레더(HS : Heat Spreader)

② **특징**

HS는 얇은 판형으로 제작되므로 부피를 작게 할 수 있어서 소형, 박형 IT기기의 냉각장치로 적용되며, 열전달률이 뛰어나 효과적으로 넓은 면적으로 확산시켜 냉각시킬 수 있다.

③ **HS의 장점**

소형, 극박형 및 고용량의 IT기기의 냉각에 적용 가능 → 두께 : 0.6~2.5mm

④ **HS 적용 분야**

- Mobile Devices : Smart Phone, PDA, Tablet PC
- Computers : Notebook PC(CPU 냉각용)
- Display Devices : OLED, LCD, PDP, Beam Projector
- High Performance Chips

⑤ **HS 외형 및 내부 구조**

그림 1.3은 노트북 PC의 냉각을 위해 얇은 동판으로 개발된 히트 스프레더(HS)의 실물(현품)과 HS의 조립구성을 나타낸 단면도를 보여준다.

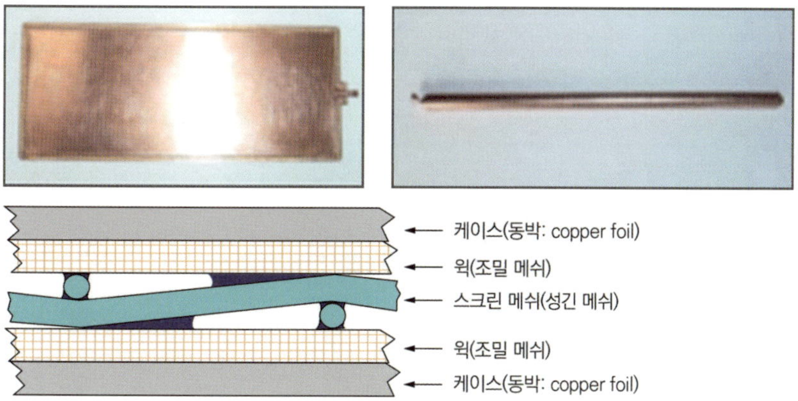

그림 1.3 박판(얇은 판, thin plate) 두께의 소형으로 제작된 히트 스프레더 실물(현품)과 설계구조도(조립구성도)

⑥ 작동 원리

그림 1.4와 같이 HS가 열원으로부터 열을 받아 내부에서 방열하는 냉각원리로 작동하고 있다.

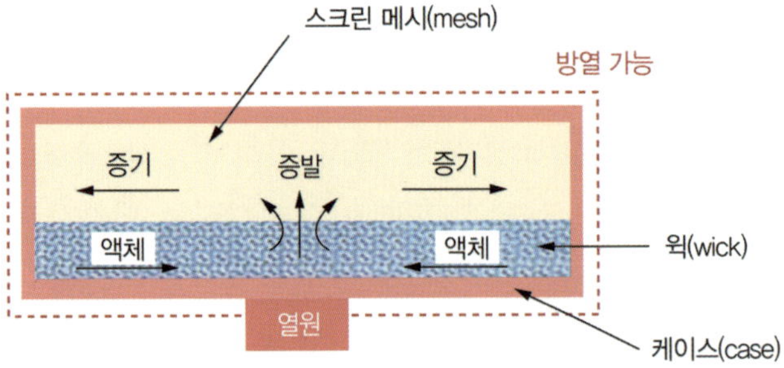

그림 1.4 HS(Heat Spreader)의 작동 원리 개념도

⑦ 핵심 제조기술

그림 1.5는 HS의 설계도면이다. 앞에서 설명한 HS의 조립도로서 설계의 구성을 단면으로 도시하였다. 한편으로 내부에 진공을 유지하면서 냉각수를 채우기 위해서는 핵심 제조기술도 필요하다.

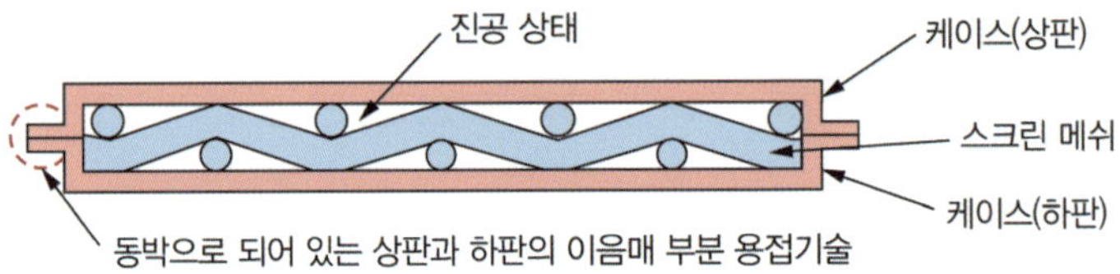

그림 1.5 HS(Heat Spreader)의 설계도면(단면조립도)

⑧ 응용제품의 예로 소형 노트북 PC의 방열을 효율적으로 해결하기 위해서 냉각장치로 탑재된 것을 사진 1.1에서 보여주고 있다.

HS의 적용으로 팬(fan)의 높이를 작게할 수 있어 전체적으로 두께를 얇게 할 수 있다.

사진 1.1 노트북 PC의 냉각장치로의 HS 적용

(9) 방열용 재질(소재)

1) 그라파이트(graphite, 흑연)

방열을 위한 방열 시트로 그라파이트 시트를 사용한다. 그라파이트는 여러 가지 장점이 있다.

① 면 방향의 열전도율이 알루미늄, 구리보다 뛰어나다(면 방향의 열확산성은 구리의 3배 이상).
② 두께 방향의 열전도율은 실리콘 제품보다 높다.
③ 면 전체에 균일하게 열을 확산하므로 시트 전체가 고온 또는 저온으로 유지된다.

표 1.5는 방열효과가 우수한 열전도율이 좋은 대표적 금속 재질을 비교하였다.

표 1.5 우수한 열전도율을 갖는 대표적 금속 재질의 비교

구분	은(Ag)	동(Cu)	알루미늄(Al)	그라파이트
열전도율(W/mK)	400	390	230	500

체적이 클수록, 즉 표면적이 클수록 열전도율(열전도 효율)이 좋아서 방열효과도 그만큼 커진다. 표 1.6은 두께(t)와 사이즈(size, 크기)에 따른 열전도율(열전도도)을 비교·분석한 자료이다.

표 1.6 두께와 사이즈에 따른 열전도율(열전도도)을 비교·분석

두께(mm)	사이즈(mm) (length × width)	Heat Capacity(W)
0.35	100 × 60	3~5
0.4	120 × 60	3~5
0.5~0.7	160 × 60	5~7
0.7~1.0	180 × 90	7~10

그림 1.6은 종래 기술인 방열용 히트 싱크(heat sink, 주로 Al 압출제품)와 그라파이트 시트(graphite sheet)와의 차이점을 보여주고 있다. 종래 방열 히트 싱크는 종방향(세로방향)으로만 열이 발산되었지만, 그라파이트 시트는 그림 1.6과 같이 종방향뿐만 아니라 횡방향(가로방향)으로의 열발산 특성을 함께 갖고

있어, 그만큼 열전도 효율이 더 높아서 방열 특성도 더 우수하다.

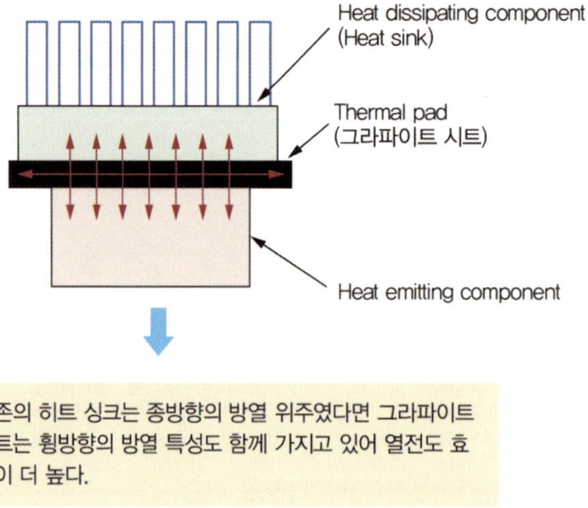

그림 1.6 종래 기술의 방열 히트 싱크와 그라파이트 시트와의 열전도 효과 비교

2) 그래핀(graphene)

최첨단 소재인 그래핀 방열 시트를 사용하여 현재 스마트폰에 채택하고 있는 히트 파이프와의 방열효과를 비교 · 분석하였다. 방열 성능은 아주 우수하지만 그래핀의 가격이 비싼 것이 단점이다.

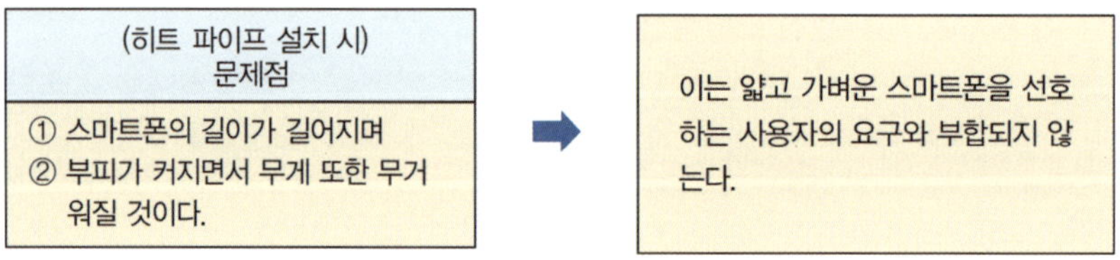

그림 1.7 히트 파이프 설치 시 문제점

① 그래핀 방열 시트

그래핀(graphene)이란 흑연에서 분리해 낸 한 층의 탄소층으로 여러 가지 장점을 가지고 있다.

㉠ 구리보다 1,000배 빠른 전도성

㉡ 강철보다 200배 강한 강성

㉢ 가벼운 무게

㉣ 전기저항이 없다.

㉤ 얇다.

사진 1.2는 잘 휘어지며 방열 특성이 우수한 첨단 소재인 그래핀 필름과 격자 구조를 보여주고 있다.

사진 1.2 그래핀 필름과 격자 구조

CPU에서 발생하는 발열량의 계산

갤럭시 S5 기준으로 $Q = \sqrt{hpkA_c}(T_s - T_\infty)$

h = 5W/m²K(대류 열전달)

p = (5 + 140) × 2mm = 29cm = 0.29m(열을 받는 면적의 길이)

k = 3,000W/mK(열전달 상수)

A_c = (5 × 140)mm² = 7cm² = 0.0007m²(단면적)

T_s = 35.05℃(CPU 온도)

T_∞ = 33℃(일반 공기 평균온도)

$$\therefore\ Q = \sqrt{5 \times 0.29 \times 3{,}000 \times 0.0007}(35.05 - 33) = 6.24\,W$$

② 그래핀 방열 시트 부착 시

㉠ 그래핀 방열 시트 사용 시 약 5,000W/mk의 열전도율

㉡ 일반 방열 시트와 비교 시 약 10배 차이의 방열성능 향상

㉢ 스마트폰의 무게 증가가 거의 없다.

CHAPTER

02 냉각시스템 기술개발

01 히트 파이프(Heat pipe)와 방열기술의 개발

(1) 스마트폰의 발열 원인과 냉각장치 히트 파이프의 필요성

스마트폰에서 발생(발산 · 방출)되는 열은 스마트폰의 작동에 있어 소비하는 전력량과 관계된다. 그리고 스마트폰 기능이 많아지고, 성능도 향상되고, 기본적인 통신뿐만 아니라 데이터(자료, 음성, 문자, 동영상 등) 사용량도 많아지고, 저장용량도 확장되면서 그에 따른 배터리의 사용량도 증가함에 따라 전력 소모량도 증가하게 된다. 따라서 전기저항에 의한 발열량도 증가하고 있다.

발열량이 증가되는 이유를 좀 더 자세히 설명하면 다음과 같다.

① 최신 스마트폰은 평균 1A(암페어) 이상의 전류를 소모한다. 과거 스마트폰과 비교해 30% 이상 전력 소모량이 증가한 것이다. 스마트폰 하드웨어 성능이 높아짐에 따라 프로세서(processor)가 더 어렵고 더 많은 일을 처리하고 있다. 모바일 프로세서는 수많은 트랜지스터로 이루어져 있으며, 집적도에 따라 수백만 개에서 많게는 수억 개의 트랜지스터에서 생기는 열은 트랜지스터에 전류가 흐를 때 발생한다.

② 스마트폰 내부에는 스마트폰의 두뇌에 해당하는 모바일 프로세서(mobile processor, 즉 CPU)가 있다. 예를 들면, 미국 퀄컴 MSM 칩세트(Qualcomm Mobile Station Modem chipset)가 모바일 프로세서의 대표적인 예이다. 가장 많은 열을 내는 부품은 바로 모바일 프로세서이다.

스마트폰 성능의 발전은 두뇌에 해당하는 듀얼코어(Dual Core, 2개의 코어)나 쿼드코어(Quad Core,

4개의 코어), 헥사코어(Hexa Core, 6개의 코어), 옥타코어(Octa Core, 8개의 코어) 등으로 발전하였다. 프로세서의 코어 개수 증가로 클럭 속도가 2GHz 이상까지 발전하는 등 전반적인 하드웨어의 성능이 증가한 것이다. 따라서 성능을 유지하는 데 전력이 많이 소모되므로 발열도 증가하게 된다. 예를 들면, 쿼드코어(Quad Core)는 4개의 독립 코어를 단일 집적 회로로 통합한 중앙처리장치(CPU)이다. 싱글코어(Single Core, 1개의 코어)에서는 1개의 코어가 해야 하는 작업을 듀얼코어에서는 2개의 코어가, 쿼드코어에서는 4개의 코어가 나누어 작업을 하기 때문에 CPU 클럭을 최대로 높이지 않고도 다양하고 많은 양의 작업이 신속히 가능하다. 따라서 모바일 프로세서가 소모하는 전류량이 많아졌기 때문에 더 많은 열을 내는 것이다.

모바일 프로세서 다음으로 많은 열을 내는 부품은 전원관리 집적회로(IC)이다. 스마트폰 내부의 회로 부품, 모듈과 장치가 전원관리 집적회로에서 전력을 공급받고 있다.

③ 많은 열을 내는 부품은 통신 프로세서이다. 인터넷을 이용하거나 통화할 때 스마트폰의 통신 프로세서가 기지국의 네트워크와 끊김 없이 연결을 유지하기 위해 전파를 쏘기 때문이다. 전파를 지속적으로 송 · 수신하기 위해서는 계속해서 전류를 공급해야 하므로 이에 따른 열이 발생한다. 송 · 수신 과정 중 열을 많이 내는 쪽은 스마트폰 단말기의 송신(transmit, Tx) 쪽인 송신부이다.

이러한 이유로 스마트폰에서의 방열 대책이 반드시 필요하다. 그렇지 않으면 열에 의한 부품 및 소자의 열화현상(특성의 저하가 일어나는 현상)으로 성능이 떨어지고, 고장이 생기며, 오래 사용할 수가 없다.

✦ 발열과 냉각기술

스마트폰의 쿨링시스템은 스마트폰 내부의 회로 부품이나 소자로 인하여 발열이 되고 있을 때, 내부의 열을 최대한 빨리 효율적으로 바깥으로 배출(발산)해 주는 방열시스템이다. 즉, 냉각장치이다.

스마트폰을 비롯한 IT기기, 전자제품이 고성능화, 소형화되면서 내부에 실장된 전자 부품과 소자는 대용량화, 고집적화가 진행되고 있으며, 이로 인해 IT기기, 전자제품에서는 많은 열이 발생하고 있다. 발생한 열은 제품의 수명을 단축하거나 고장, 오작동(오동작)을 유발하며, 심한 경우에는 폭발이나 화재의 원인이 되기도 한다.

특히 디스플레이장치의 화면 선명도와 색상 등을 떨어뜨려 제품에 대한 신뢰성과 안정성을 저하시키고 있다. 따라서 기기나 제품 내부에서 발생한 열은 외부로 방출하거나 자체 냉각시키는 시스템이 반드시 필요하다.

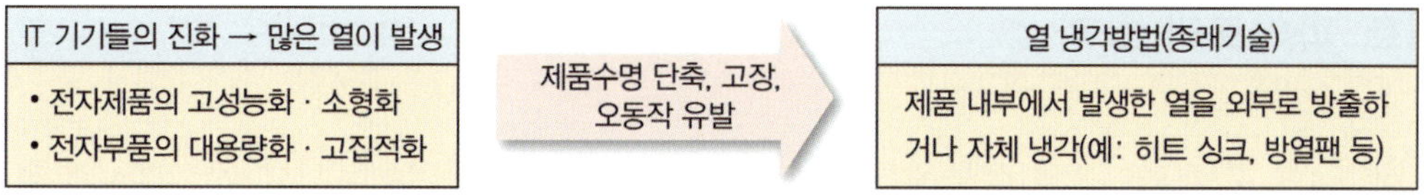

그림 2.1 전자제품이 고장나는 이유

(2) 히트 파이프의 원리

그림 2.2와 같이 밀폐되어 진공상태인 파이프(pipe, 가운데 속이 빈 중공축 또는 중공관으로 단면이 원형 혹은 각형) 구조로 된 히트 파이프(heat pipe)의 한쪽 끝에 열을 가하게 되면(heat in) 휘발성 액체는 증발하여 기체로 상변화(기화)된다. 그림 2.2 왼쪽에서 기체로 변한 휘발성 액체는 열에너지를 가지면서 압력차에 의해 열이 가해진 반대편으로 이동한다. 히트 파이프의 다른 끝(오른쪽)으로 이동한 기체는 그 과정에서 금속망 구조(metal wick structure)에 열을 빼앗겨 다시 열을 방출(방열)하여(heat out) 온도가 낮아지면 다시 액체로 상변화(액화)하여 빈 속을 지나 본래의 상태인 액체로 돌아오는 기화열을 이용한 냉각장치(cooling system)의 원리이다.

히트 파이프의 내부는 진공상태이다. 진공상태가 되면 우리가 생활하는 기압에서의 환경보다도 기화되는 온도가 낮아진다. 그러므로 기화 온도인 100℃보다 아래 온도에서 열을 빨리 흡수하여 발산하므로 그만큼 냉각효과가 커지는 것이다.

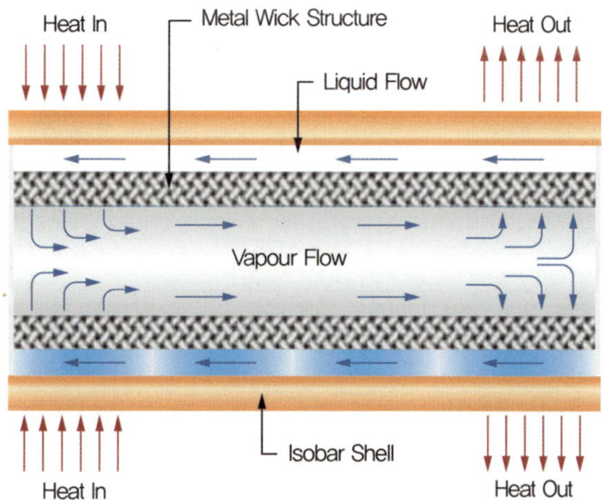

그림 2.2 히트 파이프의 원리

(3) 히트 파이프의 효과

그림 2.3과 같이 히트 파이프의 성능은 구리(Cu)보다 약 40배, 알루미늄(Al)보다는 약 80배 높은 열전도율의 효과를 나타냈다. 성능 비교를 위한 실험(테스트)은 직경이 1/4인치(inch), 길이가 6인치(inch)인 알루미늄, 구리, 히트 파이프를 온도 20℃인 상태에서 열이 전달되는 능력을 각각 확인해 본 결과이다.

그림 2.3은 히트 파이프의 열전도율 효과를 기존에 열발산과 방출을 위해 히트 싱크(heat sink)의 재질로 가장 많이 사용하고 있는 알루미늄(Al)과 구리(Cu, 동으로 Copper)와 비교한 그래프이다. 히트 파이프는 다른 금속과 비교하여 아주 뛰어난 방열효과를 나타내고 있다. 열전도율이 높으면 같은 시간에서의 방열효과도 커진다. 당연히 빨리 열을 흡수하고 발산하여 식히는 냉각효과가 더 크다는 것이다. 따라서 히트 파이프는 스마트폰과 같은 제한된 공간에서의 냉각장치로 아주 중요한 요소설계기술이 되는 것이다.

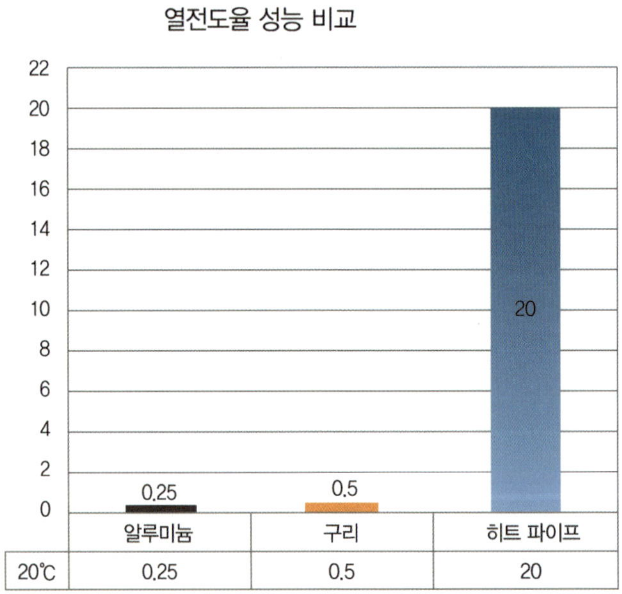

그림 2.3 히트 파이프와 알루미늄, 구리의 열전도율 효과 비교

(4) 히트 파이프의 구조와 재질

히트 파이프는 주로 구리(Cu, copper로 '동'이라 한다)로 만들어진다. 열전도율(thermal conductivity, 열전도도, 물체 내부에서 열의 전달 정도를 나타낸 비율)이 높으면 열전도가 잘 되는 재질이고, 열전도율이

높은 재질은 열을 방출(발산)시키는 효과가 크기 때문에 일반적으로 히트 파이프, 히트 싱크(heat sink) 등의 목적으로 주로 사용되며, 이와 반대의 경우는 단열재로 사용한다. 표 2.1에서 보듯이 금속 중에서 은(Ag)의 열전도율이 가장 좋지만, 가격이 비싸다. 따라서 상대적으로 가격이 저렴하며, 가공성도 우수하고, 열전도도가 높은 구리가 많이 사용된다. 또한 가격이 저렴한 제품에서는 알루미늄이 구리보다는 열전도율이 낮지만, 가공성이 좋고 가격이 저렴하여 많이 사용되고 있다.

히트 파이프의 구조는 내부가 뚫려 있는 파이프(중공 파이프, hollow pipe) 또는 판재(plate, sheet)로 되어 있다. 내부에는 많은 작은 구멍이 뚫려 있어 안쪽으로 주로 냉각물질로 사용되는 유동체(액체 또는 기체)가 지나다닐 수 있을 만한 공간을 보유하고 있으며, 그 공간에는 휘발성 액체가 가득 들어 있다. 외부에서 열을 받으면 히트 파이프의 내부에 액체(또는 기체)가 열을 빼앗아 기화됨으로써 외부의 열을 낮춰 식히는 냉각장치(cooling system, 쿨링시스템) 역할을 하는 것이다.

냉각수로 사용되는 액체로는 메탄올과 에탄올, 아세톤, 물(일반적으로 냉각수 또는 증류수가 사용) 또는 수은 등이 사용된다.

히트 파이프의 소재로 주로 사용되는 금속 재질을 표 2.1에 나타내었다. 여러 온도에서 재질에 따른 열전도율을 나타낸다.

표 2.1 각종 재질의 열전도율

Material	Thermal conductivity(W/m℃)		
	At 25℃	At 125℃	At 225℃
Iron	80	68	60
Low carbon steel	54	51	47
Stainless steel	16	17.5	19
Tungsten	180	160	150
Platinum	70	71	72
Aluminum	250	255	250
Gold	310	312	310
Silver	420	418	415
Copper	401	400	398

(5) 히트 파이프의 스마트폰 제품 적용

1) 히트 파이프의 작동 원리

히트 파이프는 금속관(pipe, 원형 또는 각형) 내부가 진공 처리되어 있고(금속관은 진공상태가 유지되도록 밀봉되어 있다), 작동유체가 들어있는 형태의 열전도체 구조이다. 어느 한쪽 부분에 열이 가해지면 액체상태의 작동유체가 증발하게 되고, 이로 인해 압력차이가 발생하게 된다. 증발한 기체는 압력차이(온도가 높아지면 압력도 커지고 온도가 낮으면 압력도 낮기에, 온도차이에 따른 압력차이도 생긴다)로 인해 반대쪽으로 이동하게 되고(vapor flow), 이동한 기체는 상대적으로 온도가 낮으므로 증발된 작동유체가 품고 있던 열을 가져가고, 증발되었던 기체는 다시 액체로 변한다. 이렇게 액체와 기체상태를 반복하며 순환하게 되고 상변화(액체 → 기체 → 액체 → 기체로 계속 순환)가 발생할 때 열전달이 원활하게 이뤄지는 현상을 응용한 기술이다. 이를 활용한 설계기술을 통하여 히트 파이프를 최적설계하여 스마트폰에 적용한 것이다.

사진 2.1 삼성 갤럭시 S7과 S7 edge(엣지)에 적용된 냉각장치인 히트 파이프와 작동 원리

사진 2.1은 삼성 갤럭시 S7과 S7 edge(엣지)에 적용된 냉각수를 활용한 냉각장치(water-based cooling)가 성능을 향상시키고 제품 수명을 연장시켜 준다는 광고이다.

2) 삼성의 히트 파이프의 구조(설계기술)

사진 2.2는 삼성 갤럭시 S7과 S7 edge(엣지)에 실장된 히트 파이프 사진이다.

사진 2.2 스마트폰에 실장된 히트 파이프

히트 파이프가 동작해야 하는 온도에 따라 작동유체가 다음과 같이 선택된다. 이는 냉각(cooling)효과를 향상시키는 아주 중요한 적용 변수이다.

2~4K : 액체 헬륨

213~373K : 암모니아

283~403K : 알코올(메탄올)

273~403K : 에탄올

298~573K : 물

K(Kelvin, 켈빈)는 절대온도의 국제 단위로 다음 공식으로 환산한다.

$$T(K) = T(^\circ C) + 273.15$$

여기서 ℃는 흔히 말하는 섭씨온도이다.

구리와 물로 구성된 히트 파이프는 구리 금속의 케이스(case) 구조로, 진공상태를 유지하도록 완전히 밀폐되어 있으며, 내부의 물을 작동유체로 사용하며 일반적으로 20~150℃ 범위의 온도에서 동작한다. 이와 같은 설계 구조를 갖는 히트 파이프는 열전달이 대단히 효율적이어서 냉각효과도 아주 우수하다.

그림 2.4는 설계 원리를 나타낸 장방형 구조의 히트 파이프 단면도이다.

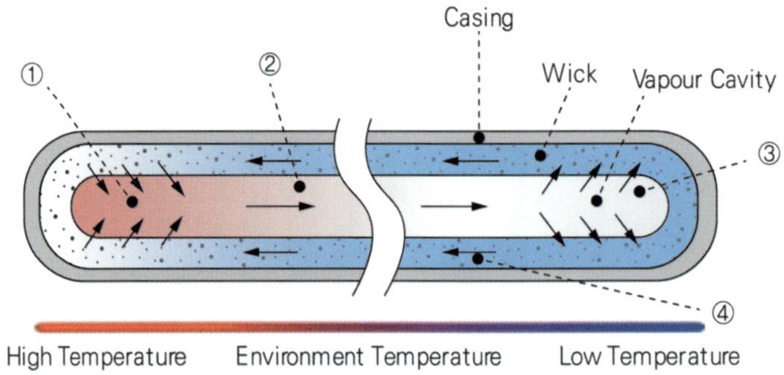

그림 2.4 장방형 구조의 히트 파이프 단면도

3) LG의 히트 파이프의 구조(설계기술)

그림 2.5의 설계도면은 LG전자의 G6 스마트폰에 적용된 히트 파이프의 구조이다. 일반적인 히트 파이프의 단면 형상은 원형 또는 각형이나 장방형 구조이다. G6에서는 원형 파이프 구조로 설계하였다.

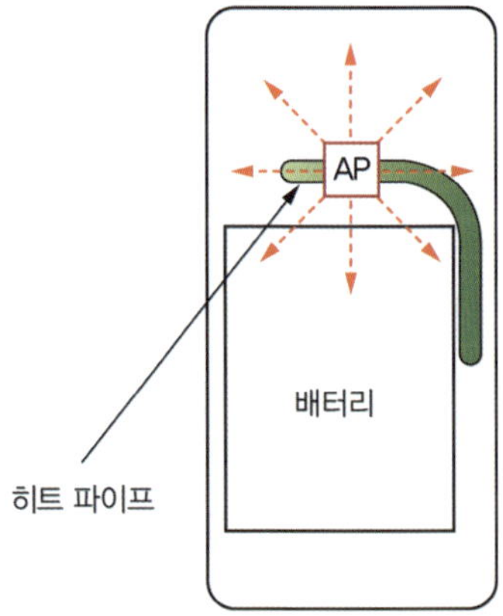

그림 2.5 LG전자의 G6 스마트폰에 적용된 히트 파이프의 구조

그림 2.6에서 보여주는 히트 파이프의 설계도면은 두께가 얇은 판재(plate, sheet)의 구조를 적용하고 열방출을 더 좋게 하여 냉각효과를 향상시키도록 저자가 재설계한 판재(박판, thin plate)형 히트 파이프의 구조이다. 판재 구조는 얇은(slim) 박판(thin plate)으로 두께 t를 얇게 하였고, 제한된 공간 안에서도 열을 방출하는 표면적을 증가시킬 수 있으므로 스마트폰과 같은 경박단소형 IT기기에 매우 적합하다.

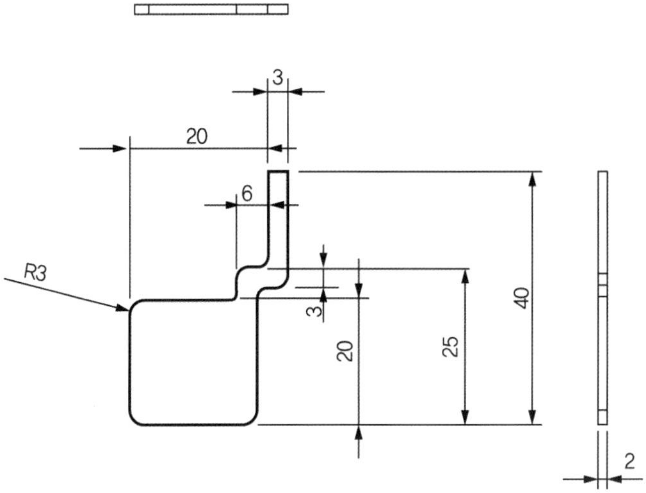

(a) 개선한 히트 파이프 설계도면

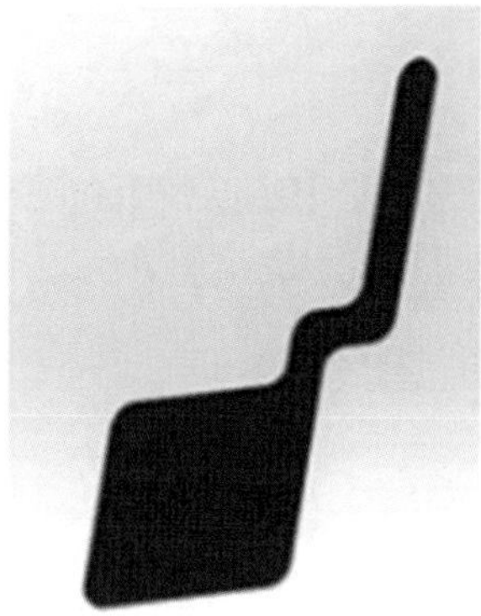

(b) 히트 파이프 3D 모델링 도면

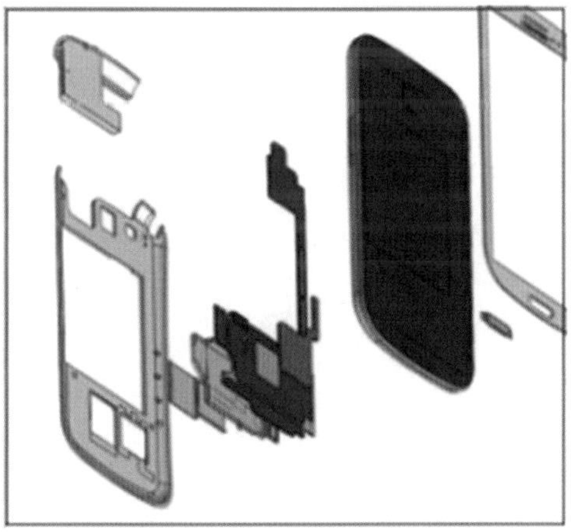

(c) 히트 파이프가 포함된 3D 어셈블리 모델링 도면

그림 2.6 개선설계한 박판 구조의 히트 파이프(냉각장치)

그림 2.6(a)는 치수를 기입한 히트 파이프의 설계도면이고, (b)는 히트 파이프의 3D 모델링 도면이다. (c)는 실제로 스마트폰에 적용하여 PCB에 실장한 조립도를 보여주는 어셈블리(assembly) 모델링 도면이다. 조립순서를 명확히 보여주기 위해 부품을 분해하여 그렸다.

기화열을 이용하여 냉매를 봉입한 파이프(pipe)를 설계한다. 발열로 인한 소비전력을 감소시킬 수 있어 CPU의 고성능 클럭(clock) 및 배터리 효율을 높일 수가 있다.

특히 방진, 방수용 스마트폰을 비롯한 IT기기에서는 구조가 밀봉되어 있어 열을 바깥으로 발산시킬 수가 없으므로, 방열을 위한 차별성이 있는 히트 파이프의 설계는 핵심적인 요소설계기술이다.

(6) 방열설계의 사전(예비) 성능 검증 및 기타 소재

1) CFD 열유동해석

설계된 히트 파이프의 성능 예측 및 검증을 위해 CFD(Computational Fluid Dynamics) 해석 프로그램을 활용한 열유동해석을 수행하였다.

사진 2.3과 같이 냉각효과가 우수함을 예측하고 검증하였다. CAD 설계에 의한 CAE 평가를 통하여 방열설계에 대한 사전 성능 평가 및 검증 과정을 거치면 더 좋은 성능과 품질을 가진 스마트폰을 개발할 수 있다.

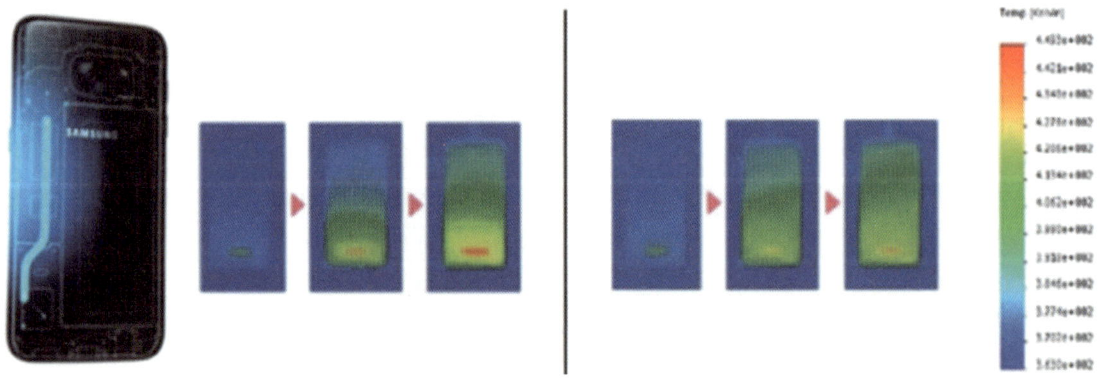

사진 2.3 CFD 열유동해석의 예

CPU(Central Processing Unit, 중앙처리장치, 컴퓨터의 가장 중요한 부분으로서 명령을 해독하고 산술논리연산이나 데이터 처리를 실행하는 장치이다. 컴퓨터의 두뇌 부분에 해당하며 중앙처리장치의 성능을 좌우하게 된다)나 GPU(Graphic Processing Unit, 그래픽처리장치, 그래픽 처리를 위한 그래픽카드의 핵심 부품이다)에서 발생한 열을 히트 파이프 내부 유체의 증발을 통해 전달하는 장치를 히트 파이프(heat pipe)라 하며, 일반적으로 냉각장치(cooling system)라고도 한다.

사진 2.3과 같이 열유동해석(CFD : Computational Fluid Dynamics)을 통해 히트 파이프의 냉각 성능을 예측할 수가 있다. 이는 최적설계를 이끌어 주는 설계도구가 되는 것이다.

2) 그래핀(graphene)-재료의 개선

그래핀 재료는 다음과 같이 뛰어난 물성(재료의 성질)을 갖고 있어 차세대 재료로 각광을 받고 있다. 현재 가격이 비싼 것이 단점이지만 향후 대량생산으로 적절한 가격대를 이룬다면 그 수요와 시장성은 엄청날 것으로 예상된다.

① 뛰어난 물리적 강도

그래핀(graphene, 탄소원자로 이루어진 얇은 막)의 물리적 강도는 단단하다고 알려진 강철보다 더욱 강하다. 그 이유는 모든 물질마다 고유의 갈라짐이 있지만, 그래핀은 탄소 결합(C－C－C－C)이 빼곡해 무척 단단하기 때문이다.

② 우수한 열전도성

그래핀의 열전도성은 실온에서 약 5,000W/mK이다. 이는 구리, 알루미늄 같은 금속보다 10배 정도 큰 값이다.

③ 플렉시블(flexible)한 물성

그래핀은 10% 이상 면적을 늘리거나 접어도 전기전도성을 잃지 않는 장점이 있다. 즉, 유연성을 가지므로 파이프처럼 구부려 표면적을 크게 할 수가 있다.

그림 2.7은 그래핀의 격자 구조와 활용 구조를 보여주고 있다.

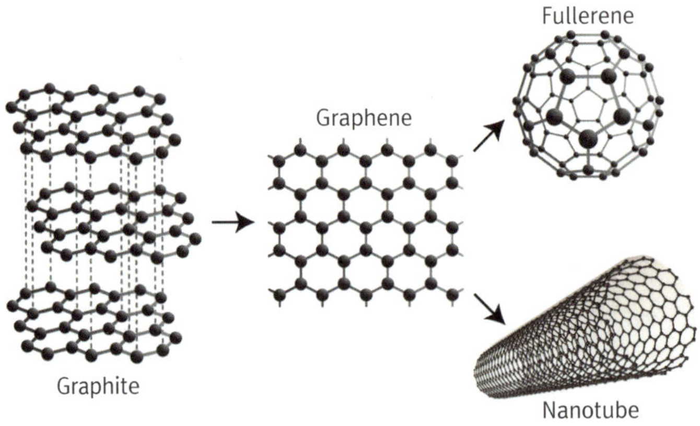

그림 2.7 그래핀(graphene, 탄소원자로 이루어진 얇은 막)의 격자 구조 및 다양한 활용구조

3) 방열패드(cooling pad)

방열패드(pad)는 그래핀을 적용한 방열복합 소재로 열전도도 및 방열 특성이 가장 우수하다. 초내열 무기바인더(binder)와 초전도성 그래핀 소재로 융·복합된 무기방열코팅 소재이다. 고(高)내열성(무산소 최대 2,000℃)과 내식성(산화방지)을 갖는 것을 특징으로 하는 첨단 그래핀 방열코팅 신소재이다. 그림 2.8은 방열패드를 구성하는 결합구조와 스마트폰에 적용한 예를 보여주고 있다.

그림 2.8 방열패드를 구성하는 결합구조와 스마트폰의 적용 예

02 특허기술 조사 및 분석

(1) 히트 파이프

그림 2.9에 도시한 특허는 히트 파이프를 포함하는 휴대장치에 관한 특허이다.

✦ 히트 파이프를 포함하는 휴대장치 Handled Device For Including Heat Pipe

- IPC : H05K 7/20 F28D 15/02
- 출원번호/일자 : 1020140012644 (2014.02.04)
- 출원인 : 삼성전자주식회사
- 공개번호/일자 : 1020150091873 (2015.08.12)
- 발명자 : 이봉재, 정충효, 최유진

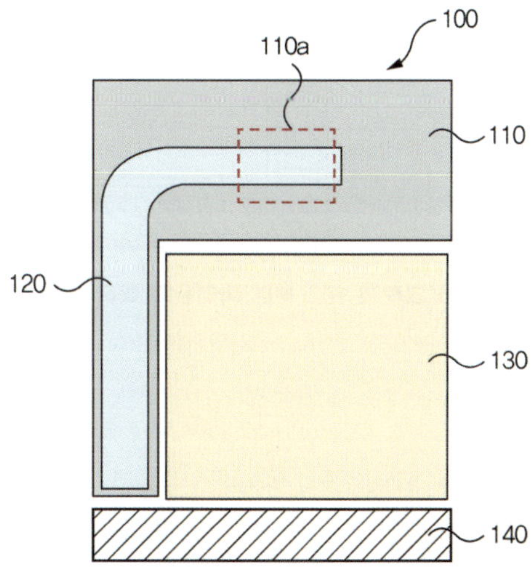

그림 2.9 히트 파이프를 포함하는 휴대장치에 관한 특허의 예

1) 분석

오른쪽 방향으로 꺾어진 엘보우(elbow) 모양의 90° 굴곡된 곡관(curved pipe) 히트 파이프를 사용하였다. 여기서 사용된 파이프는 가운데가 빈 원형 단면을 갖고 있다. 히트 파이프의 일반적인 구조 설계이다.

그림 2.10에 또 다른 히트 파이프에 대한 특허를 나타내었다. 공간의 제약으로 히트 파이프의 외형과 단면이 일정하지 못한 구조로 방열효과는 그리 크지 못하다.

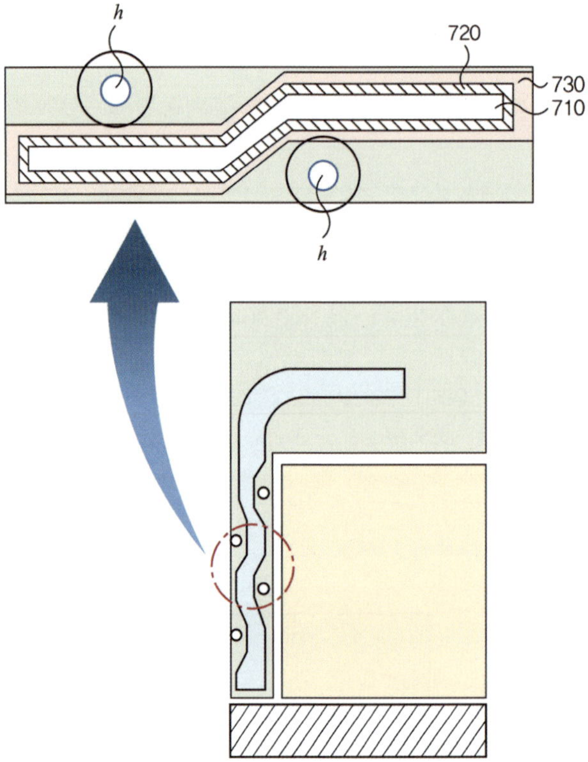

그림 2.10 히트 파이프의 특허 예

2) 요약

본 발명의 다양한 실시 예는 적어도 하나의 전자제품을 포함하는 회로기판, 상기 전자부품 상에 배치되어, 상기 전자부품으로부터 발생하는 열을 흡수하여 상기 전자부품과 대향되는 방향으로 상기 흡수한 열을 방출하는 히트 파이프 및 상기 회로기판과 상기 히트 파이프를 상호 접착하는 방열 소재를 포함하는 휴대장치를 제공한다.

3) 효과

본 발명의 실시 예에 따르면 고열이 발생하는 부분과 저온인 부분을 히트 파이프로 연결함으로써 전체 온도를 낮출 수 있다. 히트 파이프를 휴대장치에 적용시킴으로써 휴대장치의 성능을 향상시킬 수 있다.

그림 2.11은 또 다른 히트 파이프에 대한 특허를 나타내었다. 공간의 제약으로 인하여 히트 파이프의 단면은 동일하지만, 외형은 직선으로 된 구조이다. 마찬가지로 공간의 제약으로 인하여 히트 파이프의 표면적이 크지 못하므로 방열효과도 그리 크지 못하다.

✦ 이동 단말기 Mobile Terminal

- IPC : H04M 1/02
- 출원번호/일자 : 1020180018754 (2018.02.14)
- 출원인 : 엘지전자 주식회사
- 공개번호/일자 : 1020190098606 (2019.08.22)
- 발명자 : 박경의, 김병선, 김욱, 이요셉

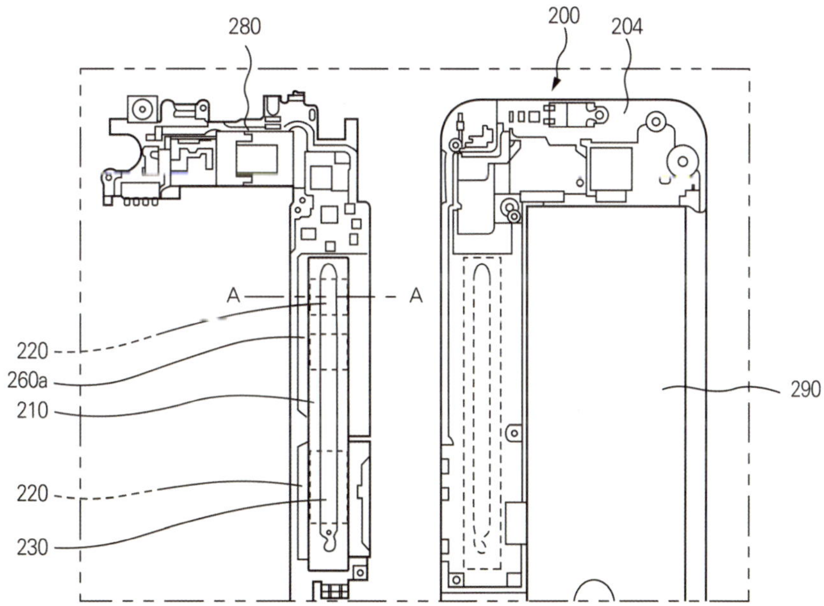

그림 2.11 히트 파이프에 대한 특허 예

(2) 베이퍼 체임버(vapor chamber)

최신 냉각장치인 베이퍼 체임버(vapor chamber) 설계기술에 대하여 설명하고자 한다. 이 기술은 앞에서 설명한 히트 파이프(heat pipe)보다 개량된 냉각장치기술이다. 일반적인 히트 파이프보다 새로운 베이퍼 체임버 설계기술은 방열효과가 더욱 우수하다. 이 기술에 대한 특징과 장점은 다음과 같다.

① 열을 방출하는 표면적을 크게 키울 수 있다. 표면적에 비례하여 방열효과가 커진다.
② 아주 얇은 두께를 갖는 박판(상판과 하판)의 결합구조이기에 스마트폰의 공간(가로, 세로, 높이)의 한정(제약)에도 스마트폰 높이가 어느 정도 확보되면 실장이 가능하다.
③ 열을 발생하는 부품이나 소자 위에 실장이나 설치가 가능하여 방열효과가 우수하다. 따라서 부품, 소자, 제품 등의 사용 수명이 증가한다.

그림 2.12와 같이 LG전자는 LG V40에 히트 파이프 냉각장치를 적용하였고, 추후 출시된 모델인 LG 5G에는 개량된 베이퍼 체임버 냉각기술을 적용하였다.

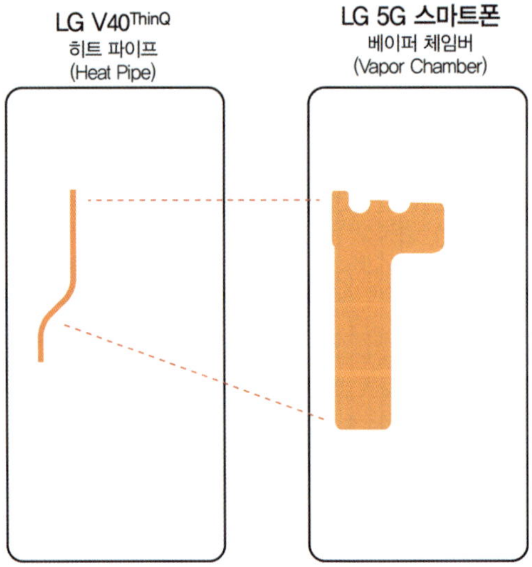

(a) 히트 파이프　　(b) 베이퍼 체임버

그림 2.12 LG 스마트폰의 냉각장치

베이퍼 체임버의 특징은 다음과 같다.

① 열전도율이 높은 구리로 만들어져 표면적이 넓을수록 주변의 열을 빠르고 광범위하게 흡수한다.
② 파이프 형태의 형상은 열원과의 직접적인 접촉 면적을 넓게 하기가 어렵다는 단점이 있다. 단점을 극복하기 위해 직육면체 형상의 박판(thin plate)으로 만들어 열원에 넓게 접촉시켰다.
③ 내부는 진공으로 되어 있으며, 히트 파이프와 같은 원리로 상변환하는 냉매를 이용하여 열을 효과적으로 전달한다.

사진 2.4는 LG 스마트폰 G5에 적용한 냉각기술 베이퍼 체임버가 PCB(인쇄회로기판) 위에 실장된 실물이다.

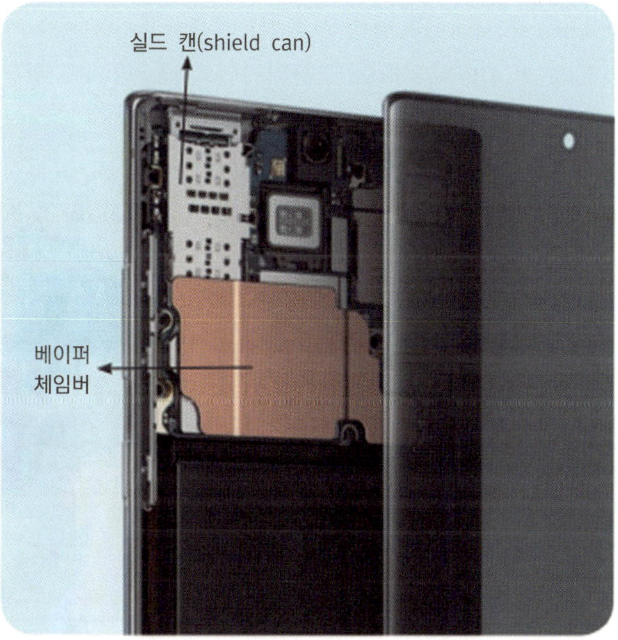

사진 2.4 LG 스마트폰 G5에 적용한 베이퍼 체임버 냉각기술

(3) 베이퍼 체임버의 작동원리

방열을 효율적으로 하여 열을 식히는 냉각장치(cooling system)는 특히 경박단소형 IT디바이스(device, 기기)에서 그것도 슬림형(slim type) 또는 박형(thin type)의 형태(형상, shape)를 원하는 기기에서 필수적으로 사용되며 방열효과도 아주 크다. 이는 휴대하기 편하고, 손에 잡기 쉬운 그립형(grip shape)이며 더불어 사용자가 사용하기 편해야만 하는 휴대형 기기뿐만 아니라 두께가 얇은 전자제품에 이르기까지 사용 범위가 광범위하다. 방수와 방진이 필요한 제품은 밀폐되어 공기의 순환이 안 된다. 따라서 공기의 대류에 의한 냉각이 되지 않는 제품에는 반드시 사용되는 핵심요소기술이다.

다음과 같은 2가지 냉각장치가 가장 최신 기술로 첨단 IT기기(특히 스마트폰)에 실제로 설계기술이 적용되어 상용화되고 있다. 이 기술은 과학의 원리를 이용한 과학기술이다.

베이퍼 체임버는 구리(동) 재질로 된 슬림형 판재(thin plate, 박판)의 결합구조를 통하여 열이 확산되어 방출되므로 히트 스프레더(heat spreader)라고도 부른다.

그림 2.13에서 히트 파이프와 베이퍼 체임버의 냉각원리와 구조, 열전달 등에 있어 차이점을 보여주고 있다.

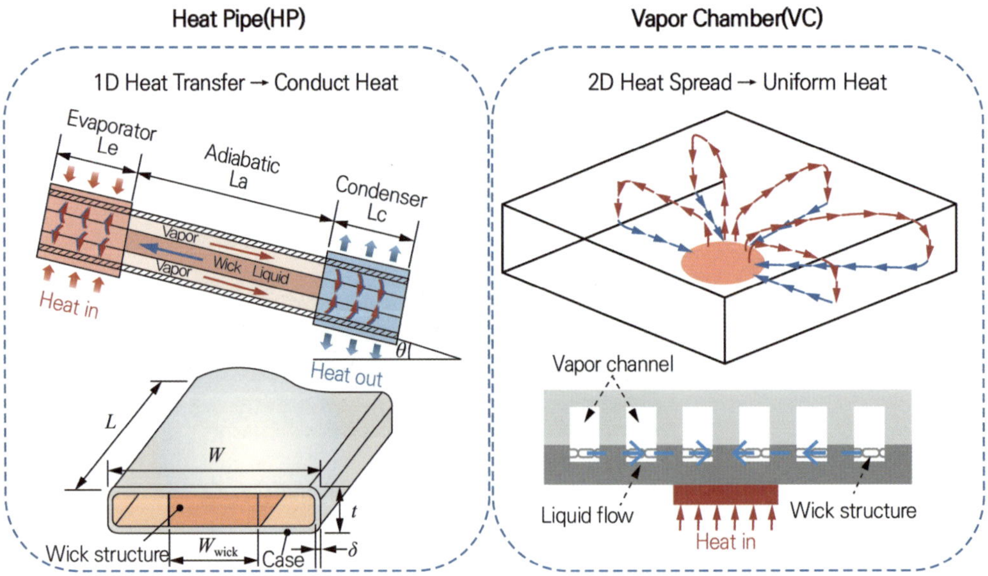

그림 2.13 히트 파이프와 베이퍼 체임버의 냉각원리와 차이점

그림 2.14를 참고로 하여 베이퍼 체임버의 기본 작동 구조와 순환형 베이퍼 체임버의 사례에 대해 알아본다.

1) 베이퍼 체임버의 기본 작동 구조

① 구리판 안쪽(내부)에 유체가 충전된 구조이다.
② CPU와 온도차이 발생 시 냉매가 기화하며 열을 흡수한다.
③ 기화된 냉매가 냉각부로 이동, 액화하며 열을 방출한다.
④ 액화된 냉매가 발열부로 이동 → 순환하는 시스템을 갖는다.

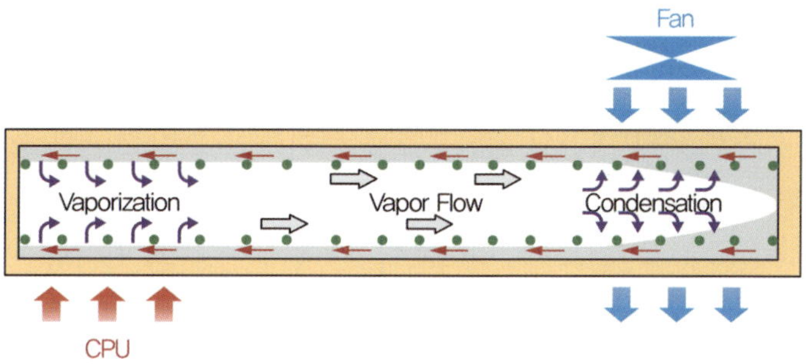

그림 2.14 베이퍼 체임버의 기본 작동 구조

2) 순환형 베이퍼 체임버

순환형 베이퍼 체임버는 사진 2.5와 같은 작동 구조를 갖는다.

① 열을 흡수하여 기화된 냉매가 제품 둘레를 따라 이동한다.
② 이동 과정에서 자연스럽게 열을 방출한다.
③ 별도의 쿨러(cooler)가 필요 없다(저소음).

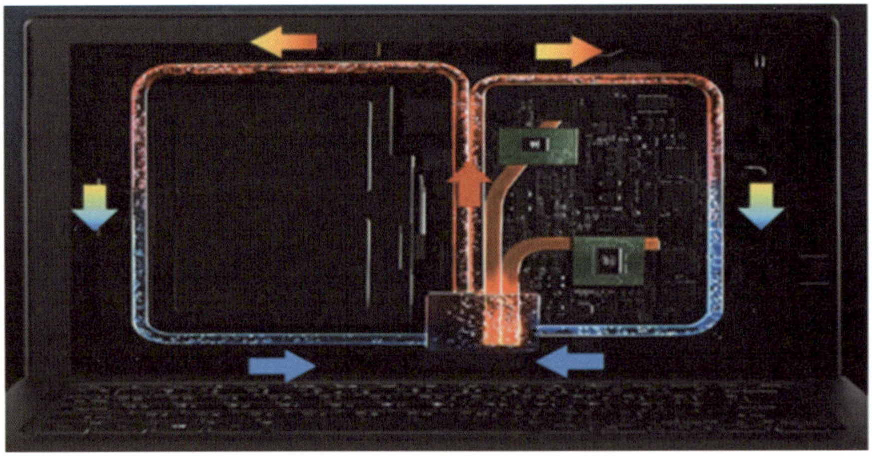

사진 2.5 순환형 베이퍼 체임버의 작동 구조

베이퍼 체임버(vapor chamber)의 냉각원리와 구조를 살펴보면 그림 2.15와 같은 구조로 설계되어 있다. 즉, 방열을 하기 위한 냉각장치기술을 설계하는 원리이자 설계기준이 된다. 베이퍼 체임버의 표면적은 기존 제품(LG V40 ThinQ)에 탑재된 히트 파이프의 2.7배에 이르고, 베이퍼 체임버에 담겨 있는 물의 양도 2배 이상 많아 그만큼 냉각효과도 커졌다.

결국 방열 성능을 향상시켜야만 스마트폰 내부에서 발생되는 발열로 인한 내부 회로나 부품 등의 기능과 성능을 유지시켜 제품의 안정성을 높일 수가 있다.

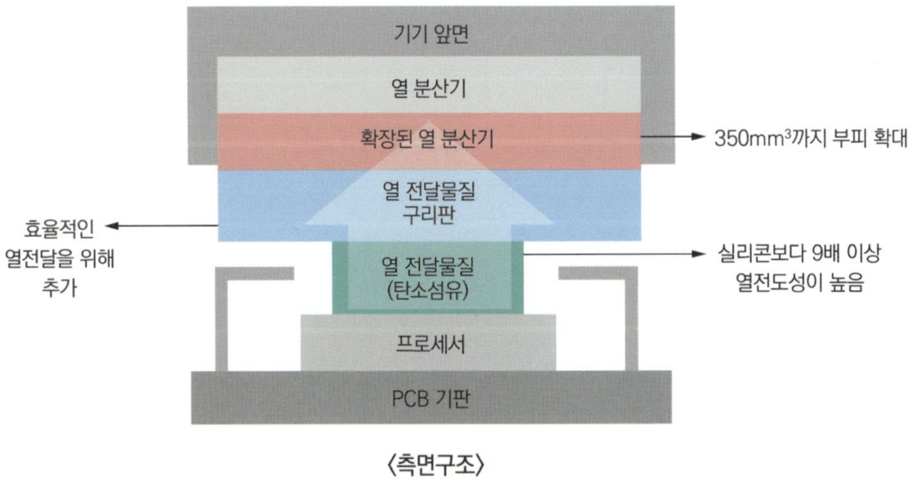

그림 2.15 베이퍼 체임버의 구조와 냉각원리

베이퍼 체임버의 케이싱(casing)(하우징(housing)이라고도 표현한다)은 열전도율이 높은 구리(copper, Cu)로 만들어졌고, 기존 제품의 히트 파이프보다 표면적이 넓기 때문에 스마트폰 내부에서 발생한 열을 더 빠르고 더 광범위하게 흡수한다. 그리고 베이퍼 체임버의 내부에 들어 있는 물은 구리 표면에서 흡수한 열을 안정적으로 저장하며, 스마트폰 내부 온도를 줄이게 한다. 즉, 발열을 효과적으로 줄여 주어 물리적으로 배터리의 용량도 더욱 늘릴 수가 있다.

표 2.2는 그 밖의 다른 히트 파이프, 베이퍼 체임버와의 스펙(spec., 규격 · 제원) 및 구조 차이를 비교한 도표이다.

▶▶ 표 2.2 히트 파이프와 베이퍼 체임버 비교

	Heat pipe	Hybrid 1-piece Vapor chamber	Traditional 2-piece Vapor chamber

Initial Form Factor	Small diameter tube 3~10mm	Very large diameter tube 20~75mm	Upper and lower stamped plates
Shapes	Round, flattened and/or bent in any direction	Flattened rectangle, surface embossing & z-direction bendable	Complex shapes in x and y direction, surface embossing
Typical Dimensions	3~8mm diameter or flattened to 1.5~2.5mm. Length 500mm+	1.5~4mm thick, up to 100mm W by 400mm L	2.5~4mm thick, up to 100mm W by 400mm L
Mounting to Heat Source	Indirect contact through base plate unless flat & machined	Direct contact, Mounting pressure uo to 90PSI	Direct contact, Mounting pressure uo to 90PSI

표 2.3은 앞에서 설명한 히트 파이프(heat pipe)와 베이퍼 체임버(vapor chamber)의 스펙(spec., 제원 · 규격)이다. 이는 스마트폰에 적용된 실제 사이즈이다.

히트 파이프에서는 원형 파이프를 사용했으므로 파이프의 지름(diameter)이 클수록 열이 방출되는 표면적이 커지므로 당연히 열전도율도 커져 방열효과가 좋아진다. 그런데 스마트폰 내부에서는 원형 파이프로 히트 파이프가 실장될 공간이 한정되어 있다.

▶▶ 표 2.3 히트 파이프와 베이퍼 체임버의 설계스펙

히트 파이프(heat pipe)

Diameter (mm)	Thickness (mm)	Length (mm)	Heat capacity (W)
2	0.35~1.0	50~200	3~5
3	0.40~1.0	50~200	4~7
4	0.5~1.0	50~200	5~8
5	0.6~1.0	50~200	6~15
6	0.6~1.0	50~300	6~30
7	0.8~1.3	80~350	10~30
8	0.8~1.3	80~350	15~40
10	1.0~1.3	80~350	20~60

베이퍼 체임버(vapor chamber)

Thickness (mm)	Size (Length × Width)	Heat capacity (W)
0.35	100 × 60	3~5
0.4	120 × 60	3~5
0.5~0.7	160 × 60	5~7
0.7~1.0	180 × 90	7~10

또한 히트 파이프의 부피는 표면적과 길이의 곱이므로 스마트폰의 크기, 배터리의 사용 전력, 내부 실장 공간(원형 단면, 길이) 등을 고려해야만 하므로, 표를 잘 활용하여 최적설계를 해야 할 것이다. 반면, 베이퍼 체임버는 냉각장치의 두께(thickness)가 아주 작으므로 스마트폰의 가로, 세로, 높이에서 실장할 높이 공간만 확보되면 설계가 가능하고, 실제로 열이 나는 부품이나 소자, 장치에의 탑재가 가능하다. 따라서 냉각효과도 우수하기에 향후 그 용도는 아주 광범위하게 적용될 수가 있다.

사진 2.6의 제품은 실제로 저자가 설계하여 적용한 베이퍼 체임버(히트 스프레더)의 제품과 설계 원리를 보여준다.

사진 2.6은 히트 스프레더(heat spreader)의 외형이다. 평면도로 외형의 사이즈(크기)를 보여주며, 정면도에서는 아주 슬림한(얇은) 조립 두께를 보여주고 있다. 재질은 동판으로 제작되었다. 이와 같은 제품은 설계기술과 더불어 핵심 조립 · 제조 기술이 필요하다.

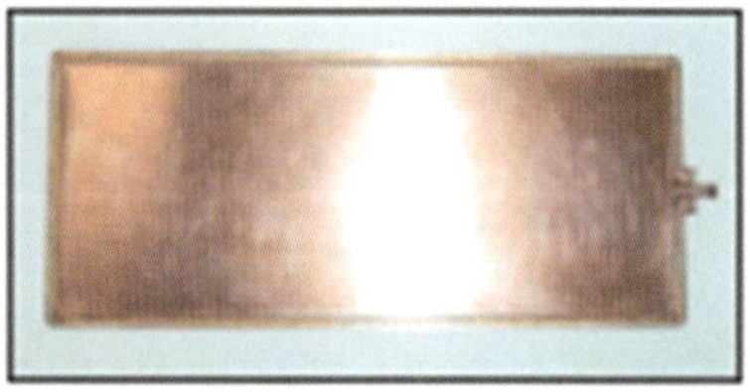

(a) 평면 조립 사진

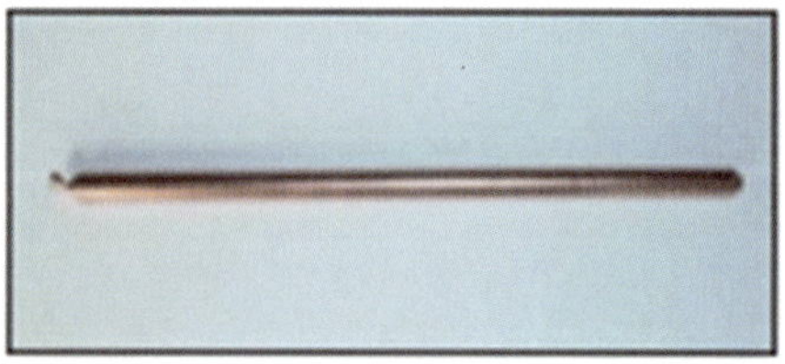

(b) 얇은 조립 두께를 갖는 측면 조립 사진(정면도)

사진 2.6 베이퍼 체임버(히트 스프레더)의 실제 제품

그림 2.16은 사진 2.6에서 보여준 평면 조립 사진의 단면도로 히트 스프레더의 조립 구성도이다.

조립 구조는 상부 금속판(동판)과 윅(wick, 조밀 메쉬, 심지)이 파여진 하부 금속판(동판)으로 구성된다. 여기에 물이 채워진 진공상태(10^{-2}mmHg 정도)를 유지한다. 여기서 윅은 아주 세밀한 메쉬(mesh : 그물망, 그물눈)로 되어 있다. 진공상태에서 기화된 수증기가 촘촘하게 구성된 엄청 많은 윅을 통과할 때 철망이 열을 빼앗아 증기를 다시 액화시켜 주는 역할을 한다.

프레스의 전단타발 가공 중의 일종인 퍼포레이팅(perforating) 가공으로 설계하여 제작할 수가 있다. 이는 동일 치수의 구멍을 미리 정해져 있는 배열(이를 어레이, array라고 한다)에 따라 다수의 구멍뚫기를 하는 가공이다.

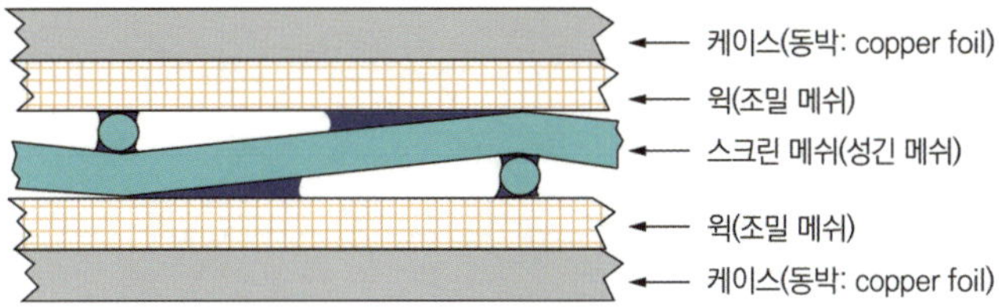

(a) 단면구성도

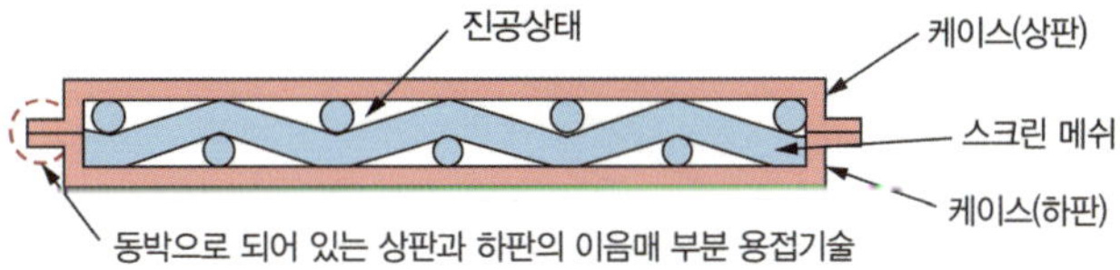

(b) 결합조립도(단면도)

그림 2.16 히트 스프레더의 단면구성도 및 결합조립도

히트 스프레더의 작동 원리는 그림 2.17과 같다. 기화 온도를 낮추기 위해 내부는 진공상태이고, 물이 채워져 있으며, 용접에 의해 밀봉이 되어 있다.

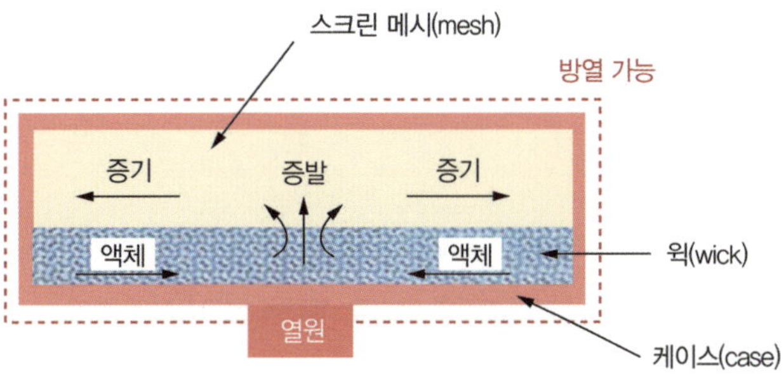

그림 2.17 히트 스프레더의 작동 원리

(4) 관련 특허 조사 및 분석

1) 베이퍼 체임버

그림 2.18은 LG전자의 베이퍼 체임버 냉각장치에 대한 특허이다. 상판과 하판으로 결합된 설계 구조로 되어 있다.

구조의 특징은 서로 다른 재질의 2개 금속이 결합되어 구조의 강성을 크게 하고, 부품 소자를 고정시키는 프레임(frame) 역할까지도 하도록 되어 있다.

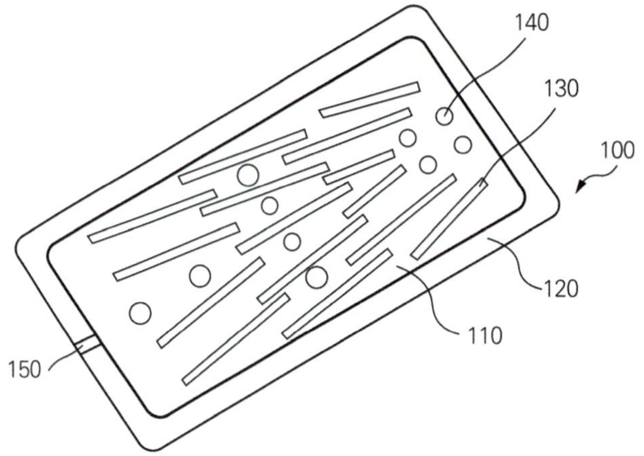

(a) 베이퍼 체임버의 평면도

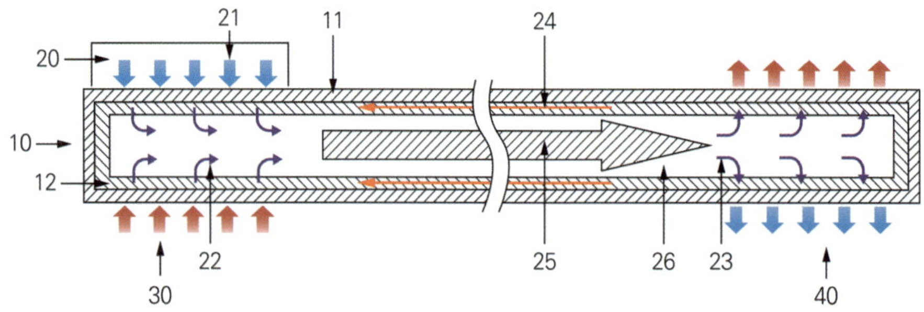

(b) 베이퍼 체임버의 조립단면도

그림 2.18 LG전자의 베이퍼 체임버 냉각장치의 특허

✦ **증기 체임버 Vapor Chamber**
- IPC : F28D 15/02 H05K 7/20
- 출원번호/일자 : 1020140012712 (2014.02.04)
- 출원인 : 엘지전자 주식회사
- 공개번호/일자 : 1020150091905 (2015.08.12)
- 발명자 : 김용대, 이영주

① 요약

상판 및 상기 상판과 대응되는 크기를 가지며, 적어도 일부가 상판과 이격되어 유체가 이동하는 통로를 형성하는 하판을 포함하고, 상기 상판 및 하판 중 적어도 하나는 이종 금속이 합착되어 이루어지고, 상기 통로는 액체가 저장되는 흡습층과 상기 흡습층 내에 형성되어 증기가 이동하는 증기 채널을 포함하는 것을 특징으로 하는 증기 체임버가 제공된다.

② 효과

우수한 열전도 특성을 유지하면서 두께 및 기구 강성 측면에서도 유리하여 이동 단말기의 방열 시트와 그에 따른 기구 프레임을 대체함으로써 구조를 단순화할 수 있다. 또한 디스플레이 분야 제품들에 활용도를 극대화시켜 고밀도 집적화에 따른 제품의 발열 온도를 낮추고, 고성능 제품 구현이 가능하도록 할 수 있다. 초박형 증기 체임버 구조는 고온의 발열부에서부터 저온 영역으로 열을 전달함으로써 발열부의 온도를 낮추는 히트 파이프의 역할을 하는 동시에, 이종의 합착 금속 재질을 적용하여 발열 소자의 기구 강성을 강화시킴으로써, 이동 단말기의 기타 소자 부품을 고정시키는 프레임 역할까지도 할 수 있다.

2) 베이퍼 체임버

그림 2.19는 삼성전자의 열을 흡수하는 베이퍼 체임버(챔버)를 포함하는 전자장치에 관한 특허이다.

✦ **열을 흡수하는 증기(상변화) 체임버를 포함하는 전자장치**
Electronic Device Including Vapor(Two Phase) Chamber For Absorbing Heat
- IPC : H05K 7/20 H01L 23/427
- 출원번호/일자 : 1020160156143 (2016.11.23)
- 출원인 : 삼성전자 주식회사
- 공개번호/일자 : 1020180057828 (2018.05.31)
- 발명자 : 이해진, 구경하, 방정제, 조치현

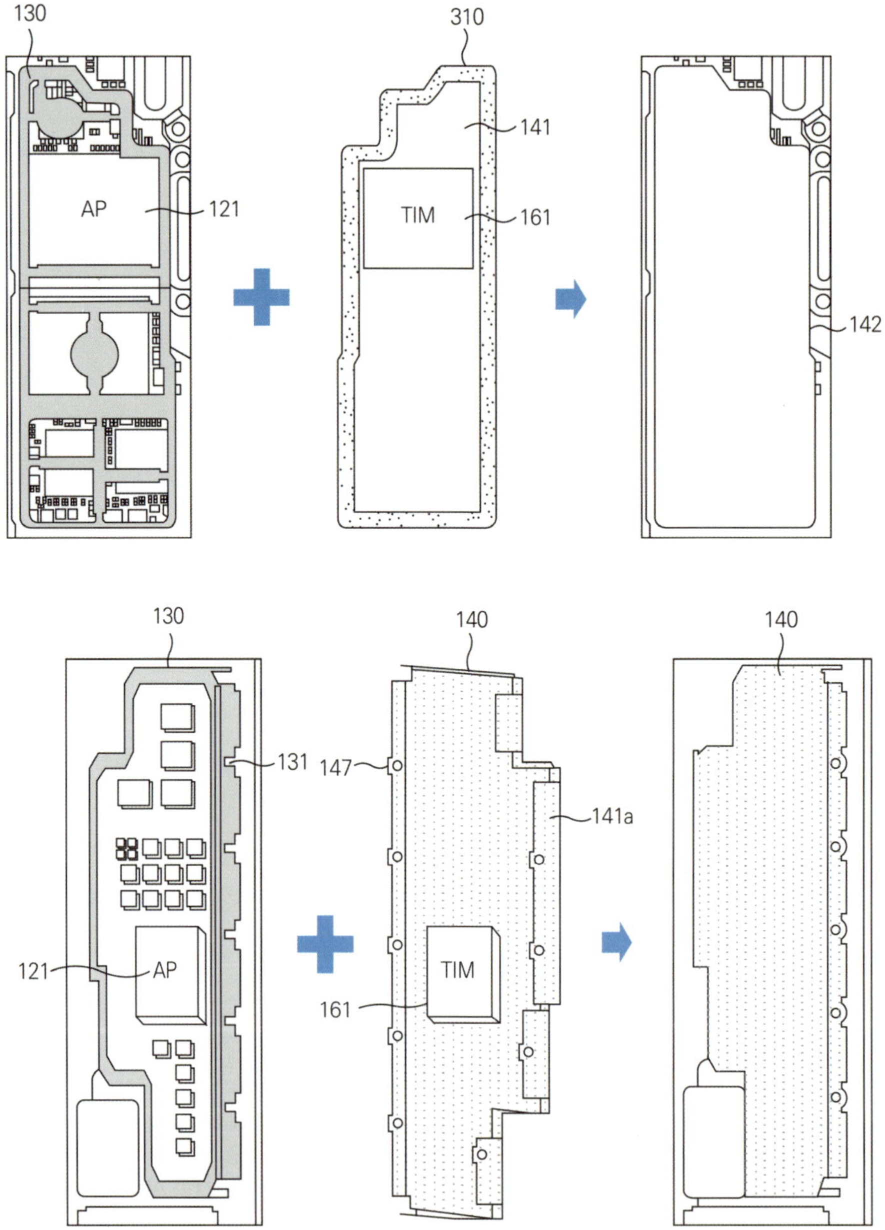

그림 2.19 베이퍼 체임버를 포함하는 전자장치의 특허

그림 2.20은 베이퍼 체임버의 설계 구조와 냉각기술의 개념을 보여주고 있다.

그림 2.20(a)는 PCB 위에 2개의 발열부품(제 1부품과 제 2부품)이 SMT(surface mounting technology, 표면실장기술)로 실장되어 있다. SMT는 PCB에 부품삽입용 구멍(hole)을 뚫지 않고 PCB 표면에 부품을 붙이는 기술이다. 여기에 사용되는 부품을 SMD(surface mounting device)라고 한다. 그리고 2개의 발열부품 위에 베이퍼 체임버가 밀착되어 고정되어 있다. 2개의 발열부품에서 발생한 열이 스마트폰의 내부 공간으로 대류·확산하지 않고 그대로 베이퍼 체임버에 전달되어 냉각하는 설계 구조이다.

더불어 베이퍼 체임버의 금속 표면이 전자파 노이즈를 차폐하는 실드 캔(shield can) 역할을 동시에 하고 있는 것이다.

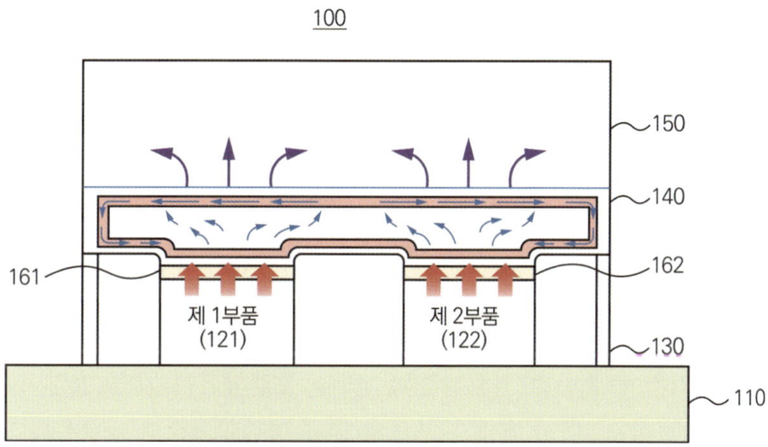

(a) PCB에 실장된 발열부품과 베이퍼 체임버

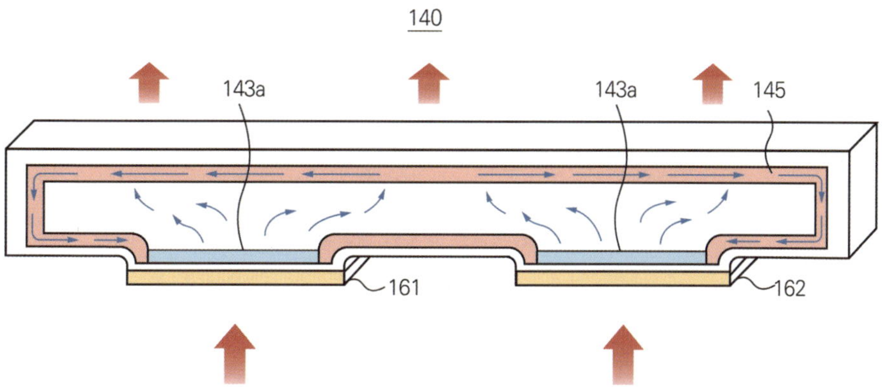

(b) 베이퍼 체임버 냉각기술의 개념도(단면도)

그림 2.20 베이퍼 체임버의 설계 구조와 냉각기술의 개념도

① **요약**

상기 PCB 상의 제 1영역에 배치되는 제 1부품 및 상기 PCB 상의 제 2영역에 배치되는 제 2부품 및 상기 제 1부품 및 상기 제 2부품 위에 배치되고, 상기 제 1영역 및 상기 제 2영역을 포함하는 영역을 갖는 챔버를 포함한다. 상기 챔버에는 상기 제 1부품 및 상기 제 2부품에서 발생하는 열을 흡수하는 유체가 포함될 수 있다. 이 외에도 명세서를 통해 파악되는 다양한 실시 예가 가능하다.

② **효과**

부품에서 발생하는 열을 흡수하는 증기(상변화) 챔버를 전자장치 내에 배치함으로써 부품의 온도를 낮추어 부품의 성능 열화를 방지할 수 있는 동시에 제품의 표면 온도를 낮출 수 있다. 또한 표면이 금속으로 만들어진 증기 챔버를 사용함으로써 부품에서 발생하는 전자파 노이즈를 차폐할 수 있다. 이 외에 다양한 효과들이 제공될 수 있다.

3) 베이퍼 체임버(챔버)

그림 2.21은 나노 유체를 이용한 베이퍼 체임버(챔버)에 관한 특허기술(출원번호 : 1020100069653)이다.

나노 유체로 충전(filling, 채워진)된 베이퍼 챔버에 관한 기술로 상부금속판, 윅(wick : 조밀 메쉬, 심지)이 파여진 하부 금속판, 나노 유체로 구성된다. 여기서 윅은 아주 세밀한 메쉬(mesh : 그물망, 그물눈)로 되어 있다. 기화된 수증기가 촘촘하게 설치된 많은 윅을 통과하면서 금속 철망이 열을 빼앗아 증기를 다시 액화시켜 주는 역할을 한다. 나노 유체가 빠르게 열을 방출함으로써 방열부의 크기를 줄일 수 있다.

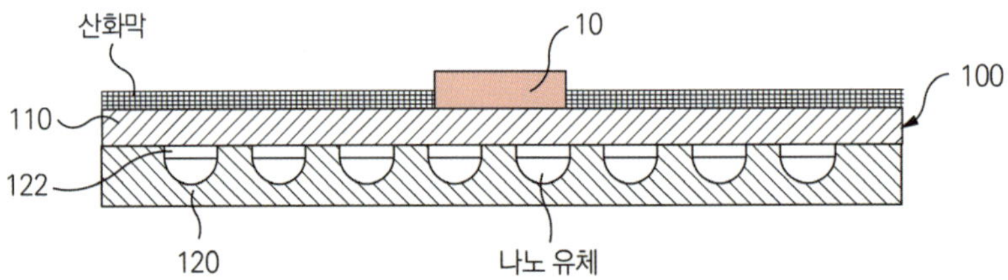

그림 2.21 나노 유체를 이용한 베이퍼 챔버 특허기술

(5) 그라파이트(graphite)

1) 그라파이트 시트(graphite sheet)

그라파이트는 흑연이라고도 불리며, 탄소의 일종이다. 탄소는 고온에서 생산되는데 이러한 탄소를 한 번 더 고온에서 태운 것을 그라파이트라고 한다(광물 1,000~2,000℃ 가열 → 탄소 2,000~3,000℃ 가열 → 그라파이트를 생성).

일반 탄소에 비해 고온에서 생산되기 때문에 열에 강하고, 탄성도 뛰어난 특성을 갖고 있으며, 표 2.4와 같이 열전도성이 좋은 은, 구리, 알루미늄 금속들보다 뛰어난 열전도성을 갖고 있어 내부에 있는 열을 외부로 방출하는 특성이 우수하다.

기존의 방열 시트가 종방향(세로방향)의 방열 위주였다면 그라파이트 시트는 횡방향(가로방향)의 방열 특성을 함께 갖고 있어 열전도 효율이 더 높다.

그라파이트는 흑연만으로 사용이 불가하며, 도전성과 분진 발생 가능성 때문에 보호막을 붙여야 한다.

표 2.4 그라파이트의 열전도 특성

구분	은	동	알루미늄	그라파이트
열전도율 (W/mK)	400	390	230	500

① 면방향의 열전도율이 알루미늄, 구리보다 뛰어나다(면방향의 열 확산성은 구리의 3배 이상).
② 두께 방향의 열전도율은 실리콘 제품보다 높다.
③ 면 전체가 균일하게 열을 확산하므로 시트 전체가 고온 또는 저온으로 된다.

2) 그라파이트 시트의 종류

그라파이트 시트의 종류는 표 2.5와 같으며, 각각의 장단점과 이를 적용한 제품의 사례를 보여주고 있다.

▶▶ 표 2.5 그라파이트 시트(graphite sheet)의 종류

그라파이트 시트의 종류		
구분	인공흑연 시트	천연흑연 시트
장단점	장점 : 방열 성능이 좋고, 80미크론 이하의 막 제조 가능 단점 : 소결로 제조, 양산이 어렵고, 고가	장점 : 양산성 좋음(roll 형상 가능), 저가 단점 : 방열 특성이 인공흑연 시트에 비해 떨어지며, 분말을 굳혀 만들기 때문에 분진이 발생할 가능성이 있다.
제품 사례	PGS(Pyrolytic Graphite Sheet) – PI 폴리머를 원재료로 제작된 인조흑연으로 열확산율이 우수 – 1,000W/mK 이상이며, 전자파 차폐 기능도 보유 	고순도 천연흑연을 시트에 가공해서 제조 – 도전성과 분진 발생 가능성 때문에 보호막에 붙여 사용 

그라파이트 시트의 종류와 제조회사 그리고 각 시트에 대한 특징은 그림 2.22와 같은 각 시트별로 특징을 가지고 있다.

Graphite(eGRAF® from Graftech) heat spreaders and thermal interference materials

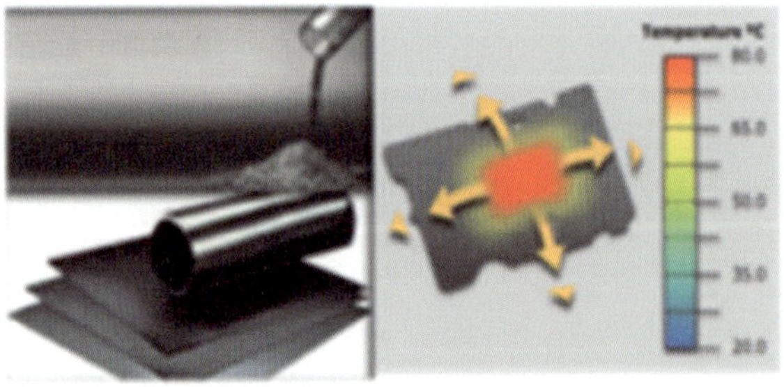

(source: Graftech)

① eGRAF-Graftech

뛰어난 열전도성을 가진 재료이며, 결정 구조에서 열전도에 이방성이 있어 면방향에는 두께 방향에 비해 최대 300배의 전도율을 가지고 있다.

Panasonic Receives the 2014 MEXT Commendation for science and technology for the development of a crystalline graphite sheet with flexibility(PGS®)

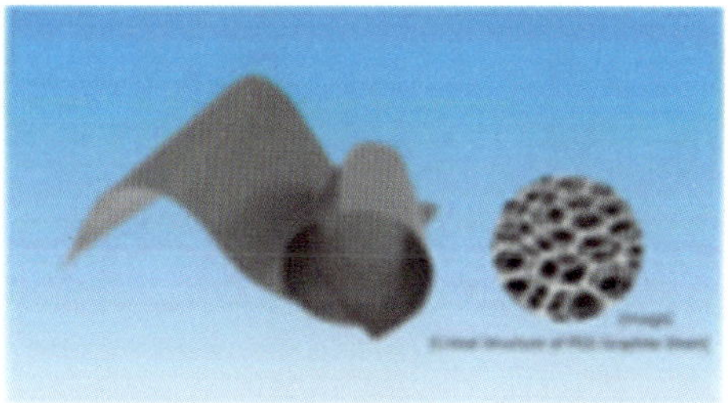

PGS Graphite Sheet, Panasonic corporation April 2014

(source: Panasonic)

② PGS-Panasonic

PGS 그라파이트 시트는 고분자 필름을 열분해에 의해 흑연화하는 방법으로 만들어진다. 단결정에 가까운 구조를 가지며, 고배향성 흑연으로 높은 열전도성과 유연성 등의 특징을 가진 열전도 시트이다.

Graphinity works on the heat management of small electronic devices such as mobile phone and mobile console, mobile PC, projector, in-car electronic device and so on

• Insulation layer / Graphite / Adhesive layer

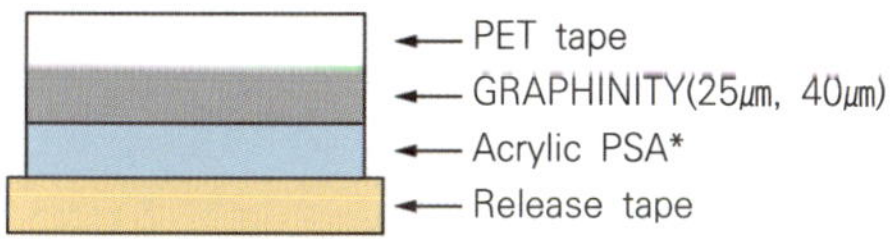

• Adhesive layer / Graphite / Adhesive layer

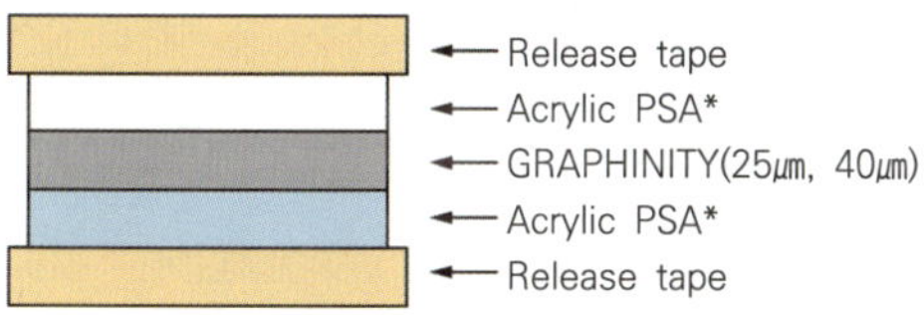

(source: Kaneka)

③ Graphinity-Kaneka

고분자 설계기술과 고온에서의 소성기술을 기반으로 개발된 초고열전도 그라파이트 시트이며, 고성능 히트 스프레더로 유용하다(면방향으로의 높은 열전도율).

그림 2.22 그라파이트 시트의 종류와 제조회사, 각 시트의 특징

여기서 인공흑연 시트로 가장 많이 사용되고 있는 PGS(Pyrolytic Graphite Sheet)에 대하여 설명하면 다음과 같다.

① PI 폴리머(Polyimide polymer)를 원재료로 제작된 인조흑연 시트이다.

② 열확산에 최적이다(열전도율 1,000~2,000W/mK).

③ 99% 이상의 EMI 차폐 기능을 한다.

④ 유연하고 가벼운 방열 소재이다.

그림 2.23(a)는 PGS와 다른 금속과의 열전도율의 비교이다. PGS는 다른 금속들과 비교하여 가장 우수한 열전도율을 보이고 있다. 특히 열전도율이 좋은 동(구리)보다 2배 가량 우수하다. (b)는 PGS의 격자 구조이고, (c)는 그라파이트 시트의 열분포 효과를 보여주는 측정 데이터이다.

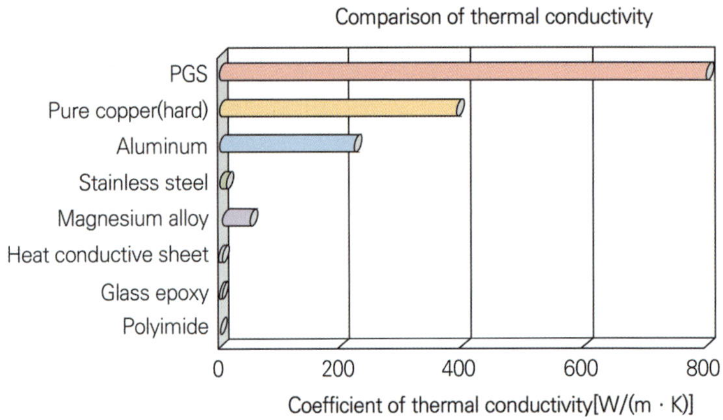

(a) PGS와 다른 금속과의 열전도율의 비교

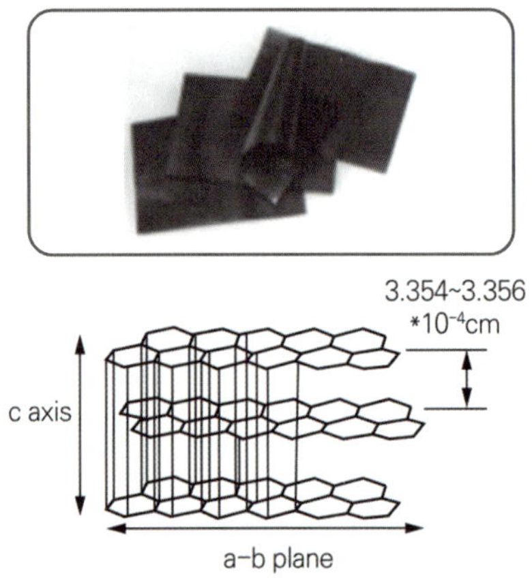

(b) PGS 시트와 격자구조

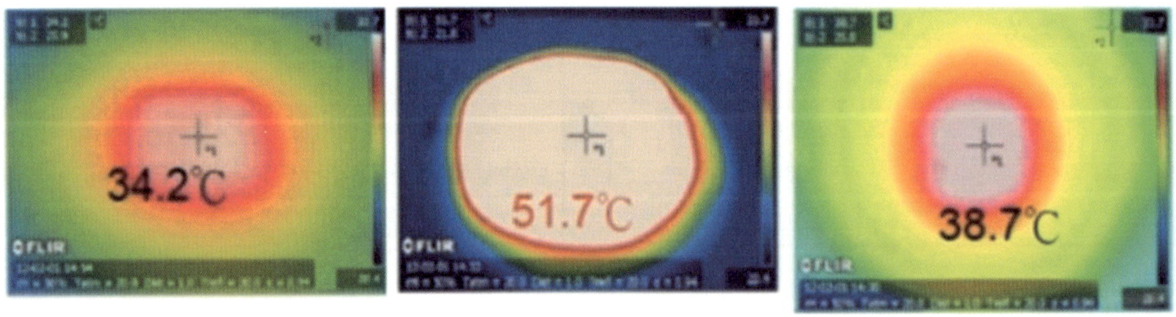

Graphite sheet | Blank | Cu

(c) 그라파이트 시트의 열분포 효과

그림 2.23 PGS의 특징

(6) 관련 특허기술 조사

1) 히트 파이프

그림 2.24는 갤럭시 S5에 적용된 종래의 방열기술에 관한 특허이다. 앞에서 설명한 갤럭시 S7이나 갤럭시 노트9의 쿨링시스템인 개량된 수냉식 히트 파이프를 실장한 기술보다 방열효과가 좋지 않은 종래의 기술인 것이다. 따라서 기술의 발전 속도가 엄청나게 빨라서 계속해서 개선 및 개량된 기술이 개발되어 성능을 보완시켜 새로운 신제품에 계속 탑재되어 출시되는 것이다.

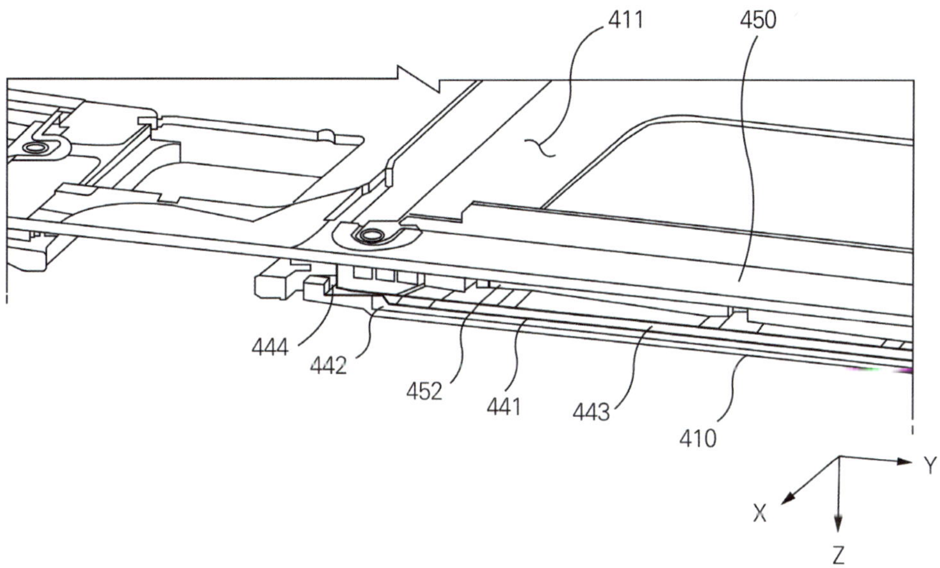

그림 2.24 갤럭시 S5의 종래의 방열 설계기술

그림 2.24에서 갤럭시 S5에 적용된 방열기술을 조사하고 핵심적인 기술을 분석하였다. 이 기술은 삼성전자에서 출원한 특허이다. 특허 출원번호는 10-2017-0002293이고, 특허 내용은 인쇄회로기판(PCB)과 배터리가 안착되는 브라켓(bracket) 사이에 방열 구조를 형성하여 인쇄회로기판의 일부 회로 소자로부터 생성된 열이 배터리로 향하는 경로를 변경하여 배터리 온도 상승을 억제하는 것이다. 하지만 이러한 방열 구조는 실질적으로 방열 역할을 제대로(효율적으로) 하지 못한다. 왜냐하면 열을 흡수하지만 한편으로 방출되는 열이 대류 현상을 통하여 열의 순환으로 냉각이 이루어져야만 하는데, 방수와 방진 기능으로 스마트폰의 공간이 막혀있어 실질적으로 열을 방출하지는 못하여 큰 효과는 기대가 어렵기 때문이다.

2) 베이퍼 체임버(vapor chamber)

앞에서 설명한 냉각장치인 히트 파이프(heat pipe)보다 더 발전된 기술로서 베이퍼 체임버(vapor chamber)라는 기술이 있다. 이 기술은 열을 흡수할 뿐만 아니라 열을 액화하고 기화하는 상변화(phase change) 기술이 적용되어 방열 작용을 더욱 효과적으로 한다. 이 기술을 적용하여 만든 것이 히트 스프레더(heat spreader)이다.

재질은 보통 열전도율이 높은 구리(Cu)를 사용한다. 하지만 구리는 부식이 잘 되므로, 크롬(Cr) 같은 내마모성과 내식성(내부식성)이 강한 재질로 도금하여 사용한다.

그림 2.25는 베이퍼 체임버의 냉각원리를 개념적으로 나타내고 있다.

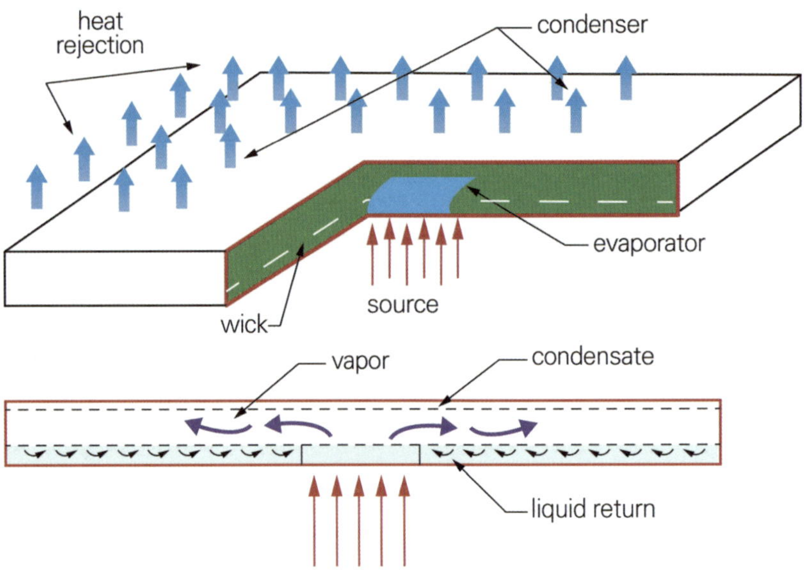

그림 2.25 베이퍼 체임버의 냉각원리

3) 히트 파이프와 베이퍼 체임버

미국 항공우주국(NASA)에서 인공위성의 내부에 발생하는 열을 동력 없이 바깥으로 방출하기 위해 개발된 열전달장치이다. 그림 2.26에 히트 파이프의 원리를 보여준다.

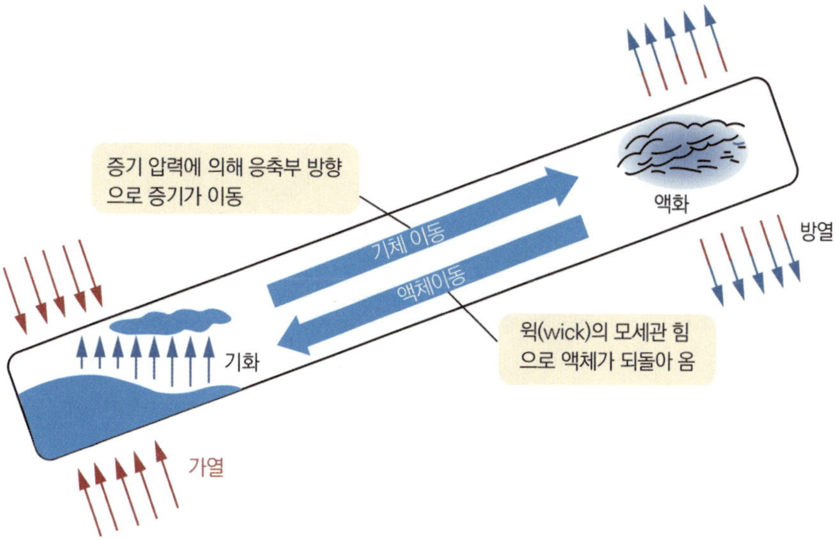

그림 2.26 히트 파이프의 원리

금속관의 내부를 진공으로 한 뒤에 민감한 작동유체를 삽입한다. 그 작동유체가 열을 받아 기화하게 되고, 기화된 유체는 압력차이에 의해 온도가 낮은 반대방향으로 흐른다. 온도가 낮은 곳에서 열을 방출하여 액화되고, 액화된 유체는 다시 반대쪽으로 가게 되면서 금속관 전체의 열을 흡수하고 방출함으로써 열을 순환시켜 히트 파이프에 부착된 CPU나 회로부품 소자의 온도를 낮추는 것이다. 이것이 바로 방열의 원리로 냉각장치(cooling system)가 되는 것이다.

사진 2.7은 삼성 갤럭시 노트8에 적용된 히트 파이프와 갤럭시 노트9에 적용된 개량된 히트 파이프이다. 개량된 히트 파이프는 박판으로 표면적을 넓힌 구조이므로 기존의 히트 파이프와 구별하여 '베이퍼 체임버'라고 부른다. 또는 '히트 스프레더(heat spreader)'라고도 한다.

사진 2.7 삼성 갤럭시 노트8과 노트9에 적용된 히트 파이프의 비교

삼성 갤럭시 노트8는 기존의 히트 파이프를 사용했다. 반면에 갤럭시 노트9는 기존의 히트 파이프보다 표면적을 크게 하고, 구리 플레이트(Cu plate, 동판)를 붙여 면적을 최대화 했다.

LG는 스마트폰에 베이퍼 체임버(챔버)라는 기존의 히트 파이프보다 개선된 냉각장치를 설계하여 적용하였다. 표면적이 기존보다 2.7배, 물이 2배 이상 채워져 방열효과를 개선하였다.

4) 제품특허와 개선설계-히트 파이프

특허기술을 조사하고 분석함으로써 공지된 전 기술(종래기술이라 칭한다)보다 개선 및 개량된 설계기술을 적용할 수가 있다.

이를 기반으로 3D 모델링을 하고, CAE 열유동해석을 하여 예상 효과를 사전에 판단한 후 시제품으로 제작하고, 성능을 평가한 후 지속적으로 개선과 보완을 한다. 기술의 완성도를 높인 다음에 실제 제품에 탑재하여 현장 시험을 해 보고, 성능 검증을 해야 한다. 이것이 선행개발 또는 선행설계이다.

① 종래의 특허기술

그림 2.27은 종래의 특허기술로 multi heat spreader(특허출원번호 : KR102008227B1)가 있다. 이는 복수의 열전도성 판을 적층하여 기기에서 발생된 열을 복수의 판에서 배출하여 열의 확산 효과가 우수하고, 열의 홀 가공 또는 길이 조절을 통하여 확산 효과를 향상시킬 수 있다.

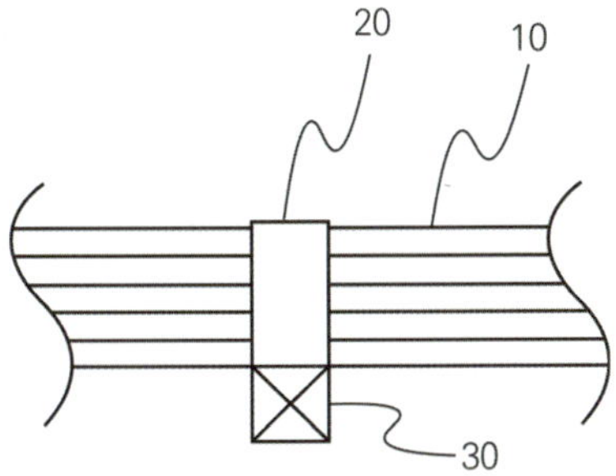

그림 2.27 종래기술 특허의 사례

② 개선 · 개량된 특허기술

사진 2.8과 같이 판형으로 형성되어 있어 다양한 형태로 자르거나 변형할 수 있어 전자제품설계 시 구조적인 설계 제약이 적다. 판의 두께는 0.3mm 이하가 바람직하며, 소형화 · 초박형화에 적합하다.

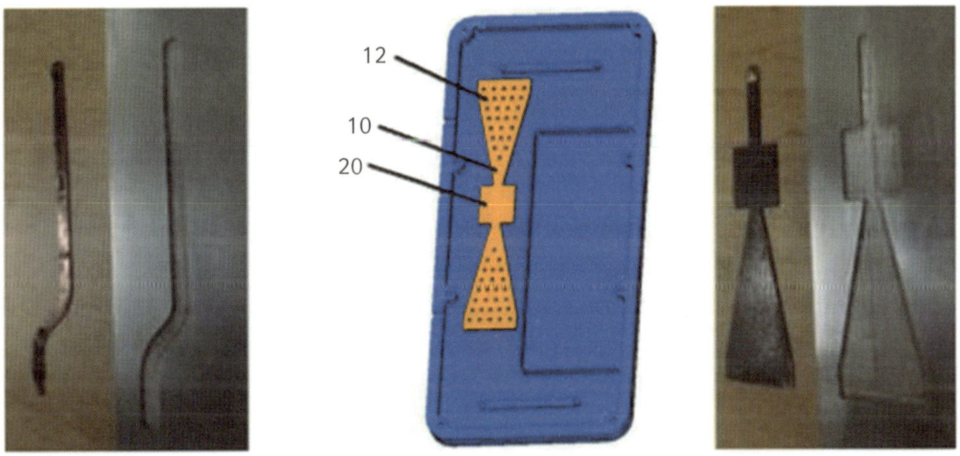

(a) 종래기술의 시제품 (b) 개선설계된 기술의 3D 모델링 (c) 개선설계된 기술의 시제품

사진 2.8 종래기술과 새로운 기술로 설계 및 시제품의 제작

5) 특허기술 조사-히트 파이프

그림 2.28은 히트 파이프를 포함하는 휴대용 장치에 관한 특허이다. 전형적인 히트 파이프의 일반적 구조이다(히트 파이프를 포함하는 휴대용장치, 특허출원번호 : KR2015 0091873A).

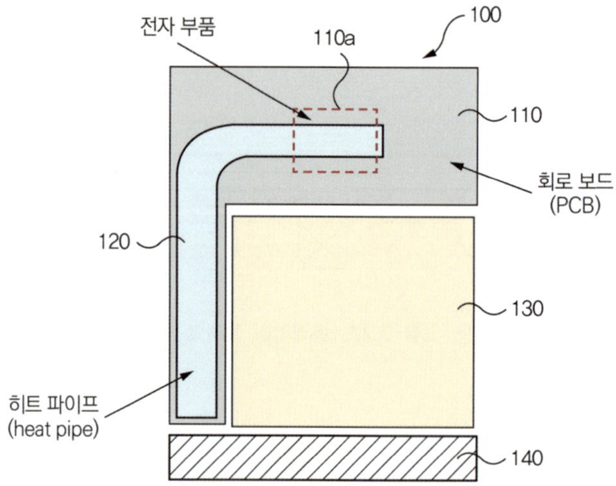

그림 2.28 히트 파이프를 포함하는 휴대용장치에 관한 특허

증발부, 단열부, 응축부로 나눌 수 있다. PCB 보드(board, 기판)에서 발생한 열을 작동유체가 흡수하여 증발하게 되고, 저온인 응축부로 증발한 기체가 이동하여 다시 유체로 응축하는 방법으로 반복 순환하게 된다.

히트 파이프 내부는 진공상태이기 때문에 낮은 온도에서도 쉽게 증발한다. 보통 케이스는 구리 재질로 만들고, 내부의 냉각수로 물을 사용하는 히트 파이프는 일반적으로 20~150℃에서 작동한다. 파이프 내부의 윅(wick)으로는 소결형(sintered)이나 그루브(groove) · 소결 복합형을 사용하면 보다 더 좋은 열방열 성능을 낼 수 있다.

6) 기술조사 : 무방향성 상변화 냉각판(TGP)

최근 연구개발의 결과로 발표된 무방향성 상변화 냉각판(TGP, Direction-Free Thermal Ground Plane) 기술에 대하여 설명하고자 한다. 새로운 개념의 냉각 방법인 '무방향성 상변화 냉각판'의 작동 원리는 고온의 발열부에서 열이 발생하면 끓어올라 기포가 발생한다. 기포가 발생하면 그 압력에 의해 액체 덩어리가 밀려나가며 냉각이 이뤄지는 원리이다. 현재 시제품으로 개발되어 향후 제품에 맞는 최적설계화와 이에 따른 성능의 효과를 일관성 있게 유지한다면, 경박단소의 IT기기와 더불어 전자제품의 냉각시스템으로 적용되어 확산될 것이다.

① 무방향성 상변화 냉각판(TGP)의 활용(electronic device cooling system)

기존 냉각 방식인 증발 대신 물이 끓는 비등의 원리를 이용해 2배 이상의 냉각 성능을 내면서도 작동 방향과 관계없는 냉각기술이다. 이 기술도 상변화(phase change)의 원리를 이용한 것이다.

기존에 주로 쓰이던 히트 파이프와 베이퍼 챔버에서 쓰던 증발 방식에서 액체가 끓는 비등 방식으로 바꿔 방향과 관계없이 작동하도록 한다. 이는 증발 방식에서 비등 방식으로의 냉각기술을 적용한 것이다. 사진 2.9는 2019년 6월 한국기계연구원에서 개발한 TGP 시제품 사진이다.

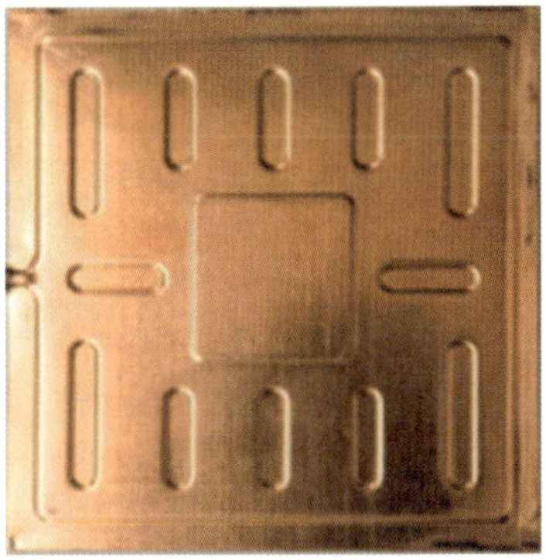

사진 2.9 무방향성 상변화 냉각판(TGP) 시제품

② 무방향성 상변화 냉각판(TGP)의 작동 원리와 장점

그림 2.29와 같이 새로운 개념의 냉각 방법인 '무방향성 상변화 냉각판(TGP)'의 작동 원리와 장점을 설명하면 다음과 같다.

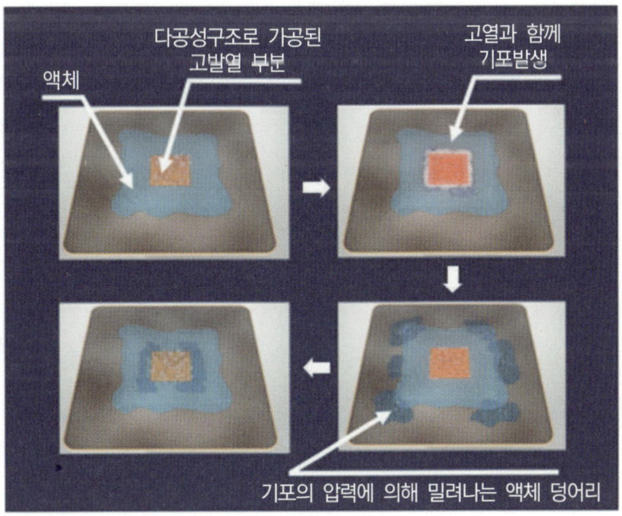

그림 2.29 무방향성 상변화 냉각판(TGP)의 작동 원리

㉠ 작동 원리

- TGP를 전자제품 내부의 고온이 발생하는 부품에 부착하면 발열부와 맞닿은 부분에서 기포가 발생한다.
- 기포가 압력에 의해 액체를 사방으로 밀어내면서 냉각이 이루어진다.

㉡ 장점

- 압력에 의한 이동이기 때문에 작동방향의 변화와 관계없이 냉각효과가 모든 방향으로 크다.
- 히트 파이프 대신 발열부 부품과 소자가 실장되어 있는 메인보드(main board, main PCB)에 부착하여 보다 효과적인 냉각 성능을 기대할 수 있다.
- 기존의 냉각판이 증발을 이용하여 중력 방향에 따라 일정한 방향으로 냉각이 가능한 반면, TGP는 비등(끓음)을 이용하기 때문에 방향성에 구애받지 않고 효과적인 냉각이 가능하다.

7) 쿨링패드(cooling pad)

냉각효과가 좋은 쿨링패드(cooling pad)로 사용되는 소재는 그래핀(graphene)이다. 쿨링패드는 열을 흡수해 방열 작용을 한다고 하여 서멀패드(thermal pad)라고도 한다. 열을 흡수하여 냉각효과의 성질을 갖는 방열 시트(sheet)도 탄소섬유 소재로 되어 있다. 사진 2.10은 그래핀의 결정 구조이다. 탄소 원소가 육각 구조를 이루며 배열되어 있다.

사진 2.10 그래핀의 탄소 결정 구조

그래핀은 탄소의 동소체로 육각형 배열이며, 한 개의 층으로 이루어져 있다. 또한 뛰어난 열전도성을 가지며, 그래핀으로 만든 쿨링패드의 두께는 약 0.1mm로 굉장히 얇다.

사진 2.11은 삼성 갤럭시 노트8와 갤럭시 노트9의 냉각장치를 서로 비교해 분석하였다. 제품이 업그레이드 될수록 적용되는 요소기술도 비례하여 한층 업그레이드된다.

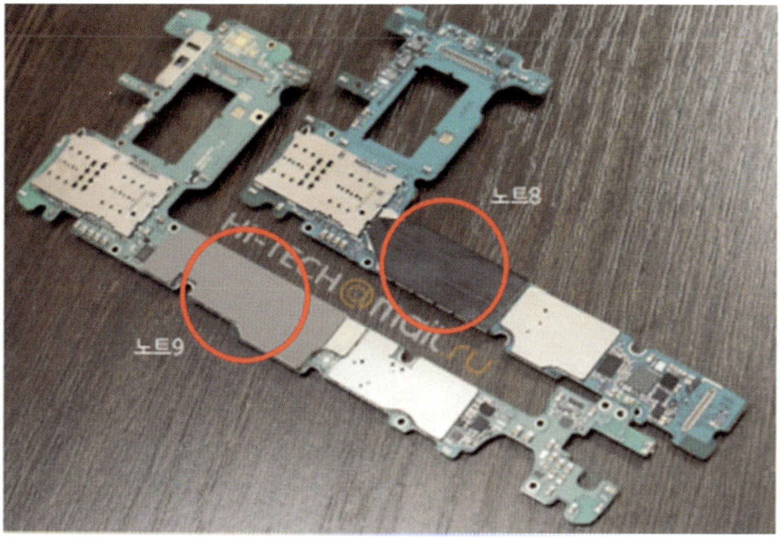

사진 2.11 갤럭시 노트8와 갤럭시 노트9의 냉각장치 비교

갤럭시 노트8는 서멀패드(thermal pad)로 마감한 반면, 갤럭시 노트9은 카본 소재의 방열 시트를 부착한 모습이다. 탄소섬유로 만든 방열 시트는 구리나 알루미늄 소재보다 열전도율이 훨씬 높다.

CHAPTER 03

베이퍼 체임버(챔버)와 기타 방열시스템의 개발과 차별화

01 열 수집 및 확산 구조를 가진 전자장치

그림 3.1과 같이 삼성전자의 '열 수집 및 확산 구조를 가진 전자장치(protection against heat)'에 대한 주요 특허 도면을 제시하고, 기술의 개요를 요약하여 설명한다.

- 출원번호 : KR101981703B1
- 출원인 : 삼성전자 주식회사

1) 요약

① 히트 파이프를 통해 인쇄회로기판의 발열상태가 개선된 전자장치를 제공한다.

② 히트 파이프를 이용하여 발열 부품의 열수집과 확산 구조를 제공한다.

③ 차폐 구조를 유지하면서 차폐 구조에 열전달 구조를 포함하여 발열 부품의 열수집과 확산 구조를 제공할 수 있다.

④ 발열 부품보다 상대적으로 저온인 부분으로 열을 전달할 수 있는 열수집과 확산 구조를 가지는 전자장치를 제공한다.

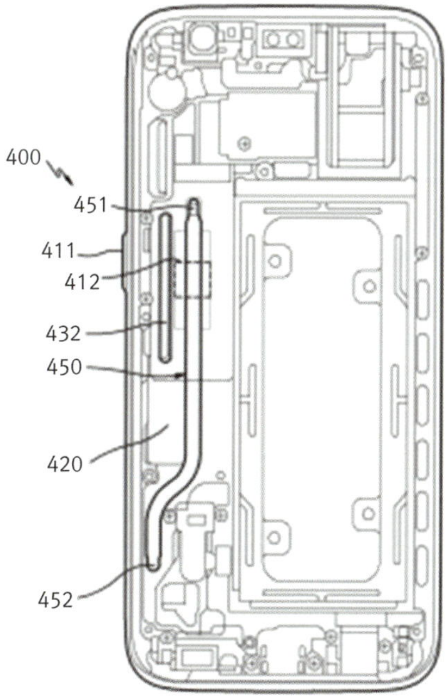

그림 3.1 열수집 및 확산 구조를 가진 전자장치에 관한 특허 기술

02 증기 챔버(Vapor chamber)

그림 3.2와 같이 LG전자의 '증기 챔버'에 대한 주요 특허 도면을 제시하고, 특허 기술에 대한 개요를 요약하여 설명한다.

- 출원번호 : KR1020140012714A
- 출원인 : 엘지전자 주식회사

1) 요약

① 방열 소자의 열을 외부에 전달하는 증기 챔버(체임버)에 관한 특허를 제공한다.

② 우수한 열전도 특성을 유지하면서 히트 파이프 형태에서 기구 강성을 유지할 수 있는 증기 챔버를 제공한다.

③ 이동 단말기의 열기구 모듈(그라파이트 시트 + 기구 프레임)을 하나의 방열 소자로 대체하여 단순화한다.

④ 본 발명의 초박형 증기 챔버(ultra-slim vapor chamber) 구조는 고온의 발열부에서부터 저온 영역으로 열을 전달함으로써, 발열부의 온도를 낮추는 히트 파이프의 역할을 하는 동시에, 이종의 합착 금속(cementation metal) 재질을 적용하여 방열 소자의 기구 강성을 강화시켜, 이동 단말기의 기타 소자 부품을 고정시키는 프레임 역할까지도 할 수 있다.

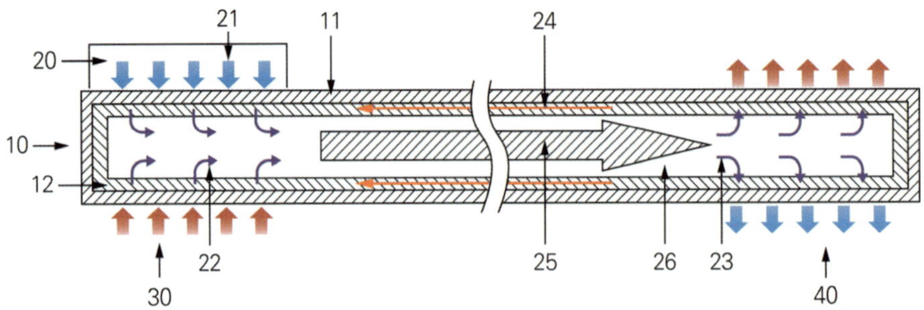

그림 3.2 LG '증기 챔버'에 대한 특허 기술

03 열을 흡수하는 증기(상변화) 챔버를 포함하는 전자장치

그림 3.3과 같이 삼성전자의 '열을 흡수하는 증기(상변화) 챔버를 포함하는 전자장치'에 대한 주요 특허 도면을 제시하고, 특허 기술에 대한 개요를 요약하여 설명한다.

- 출원번호 : 10-2016-0156143
- 출원인 : 삼성전자 주식회사

1) 요약

① PCB상의 부품에서 발생하는 열(특히 AP, 121)을 흡수하는 유체가 포함된 전자장치에 관한 특허를 제공한다.

② 부품에서 발생하는 열을 흡수하는 증기 챔버를 전자장치 내에 배치함으로써, 부품의 온도를 낮추어

부품의 성능 열화를 방지할 수 있는 동시에 제품의 표면 온도를 낮출 수 있다.

③ 표면이 금속으로 만들어진 증기 챔버를 사용함으로써 부품에서 발생하는 전자파 노이즈를 차폐할 수 있다.

④ 챔버(130)의 기능으로 열의 냉각과 전자파 노이즈를 차폐(142)할 수 있는 EMI 차폐 기능을 동시에 수행한다.

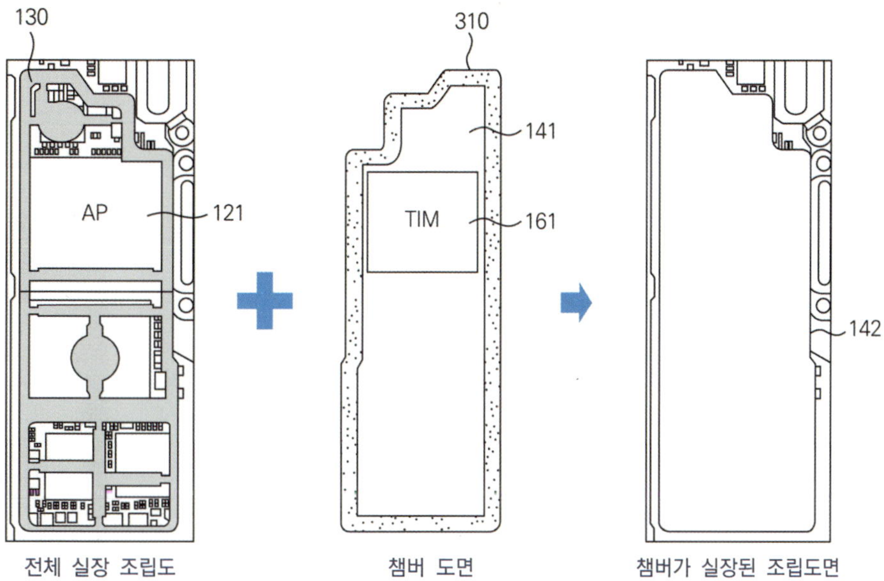

그림 3.3 '열을 흡수하는 증기(상변화) 챔버를 포함하는 전자장치'의 특허 기술

04 열 수집 및 확산 구조를 가진 전자장치

스마트폰을 비롯한 모든 전자기기는 전기를 사용하여 작동을 한다. 따라서 열은 전기저항에 의하여 필연적으로 발생한다. 제품의 성능과 품질, 사용 내구성인 수명을 유지하기 위해서는 반드시 작동 중 내부에서 발생하는 열을 식히는 냉각장치(cooling equipment), 냉각시스템(cooling system)이 반드시 필요하다. 따라서 이와 관련된 설계기술은 없어서는 안 되는 필수기술이기에 핵심요소기술이라고 하며, 이의 설계 또한 핵심설계가 되는 것이다.

(1) 냉각장치(특허 출원번호 : KR20160019155)

그림 3.4는 열 수집 및 확산 구조를 가진 냉각장치인 히트 파이프(heat pipe)에 관한 특허 기술이다. 그림 3.4(a)는 히트 파이프를 실장한 스마트폰의 구성도이며, (b)는 히트 파이프를 내장한 프런트 케이스(front case)의 평면도로 특정된 기술인 히트 파이프를 내장하여 조립된 상태를 도시한 상태도(조립도)이기도 하다. (c)는 히트 파이프가 실장된 프런트 케이스의 실물 사진이다.

특허 기술 (b)에서 도시한 평면도와 유사한 히트 파이프의 탑재 구조이다.

히트 파이프는 인쇄회로기판(PCB)상에 배치된 전자부품, 발열 소자, 전기 구동장치 등에 설치되어 열 방출을 좋게 하여 열을 식히는 냉각장치이다.

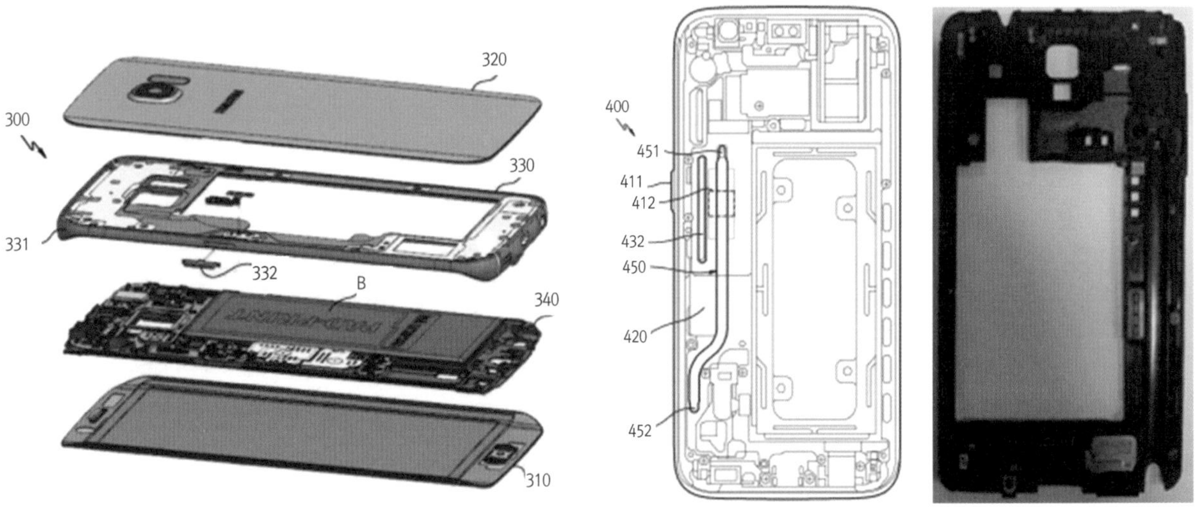

(a) 히트 파이프를 실장한 스마트폰의 구성도 (b) 히트 파이프를 내장한 프런트 케이스의 평면도 (c) 특허기술과 유사한 프런트 케이스의 실물 사진

그림 3.4 열 수집 및 확산 구조를 가진 냉각장치인 히트 파이프(heat pipe)의 특허

사진 3.1은 앞에서 설명한 특허(출원번호 : KR20160019155)로 출원한 특허기술을 기반으로 개발, 설계되고 실제로 제작되어 시장에 출시된 삼성 갤럭시 S7 제품에 적용된 히트 파이프 실물 사진이다.

사진 3.1(a)는 PCB에 실장된 히트 파이프의 실물 사진이고, (b)는 히트 파이프가 탑재되는 프런트 케이스(front case)를 평면에서 본 실물 사진이다.

(a) PCB에 실장된 히트 파이프　　(b) 히트 파이프가 탑재되는 프런트 케이스 (front case)의 평면 사진

사진 3.1　삼성 갤럭시 S7의 히트 파이프

05 히트 파이프 관련 특허 및 원리

히트 파이프에 관련된 미국 특허(출원번호 : US7913748B2)가 있다. 이는 열 수집 및 확산 구조를 가진 전자장치에 있어 베이퍼 체임버(vapor chamber, 챔버)에 관한 기술 내용의 특허이다.

베이퍼 체임버는 vapor(수증기) + chamber(공간, 장치)의 합성어로 수증기를 이용한 냉각장치이다. 베이퍼 체임버의 냉각원리를 도식적으로 설명하면 그림 3.5와 같다.

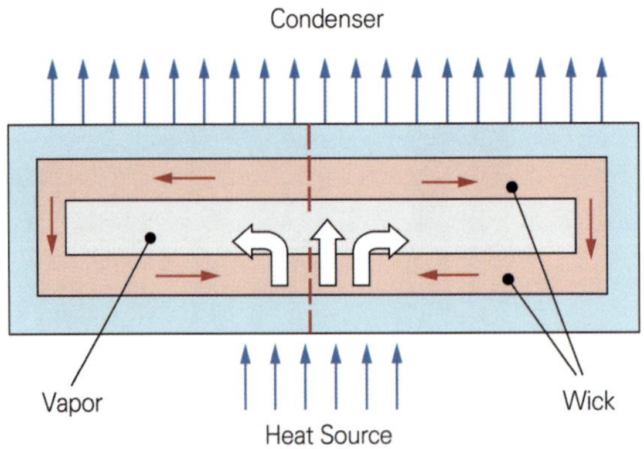

그림 3.5 베이퍼 체임버의 냉각원리

베이퍼 체임버 아래 표면에 열을 받으면 베이퍼 체임버 속의 액체가 증발하여 수증기로 변한다(기화 원리). 수증기는 분산되고 내부에 있는 금속 윅(wick, 철망 구조)을 통과하면서 열을 빼앗겨 액화가 일어나는 상변화(phase change)의 순환에 의해 냉각을 하는 장치이다. 이는 에어컨의 작동 원리와 매우 흡사하다.

06 방열 및 냉각장치(Cooling system)

전자기기에서는 전기를 사용하므로 저항으로 인한 열이 발생되어 발산되는 현상은 당연하다. 따라서 열을 방지하고 식히는 기술인 방열과 냉각장치는 스마트폰 기기에서는 필수 불가결한 핵심기술이다.

히트 파이프는 애플리케이션 프로세서(AP) 또는 중앙처리장치(CPU)에서 발생하는 열을 분산하여 냉각시키는 장치이다.

삼성전자는 갤럭시 S7부터 애플리케이션 프로세서(AP) 위에 수냉식 히트 파이프를 붙였다. 특히 갤럭시 노트9은 사진 3.2와 같이 기존 히트 파이프 성능을 대폭 강화한 게 특징이다. 열전도성이 높은 탄소섬유까지 보강해 열분산율을 높였다.

사진 3.2 삼성 갤럭시 노트9에 탑재된 개량된 히트 파이프

사진 3.3과 같이 효율적으로 열을 방출하도록 2개의 열전달 물질 사이에 구리를 추가했다. 구리는 AP에서 발생한 열이 더 효율적으로 쿨링시스템까지 다다를 수 있도록 돕는다. 물이 소량 들어가 있지만 히트 파이프를 잘라도 육안으로 보기 힘들 정도이다.

삼성전자는 "갤럭시 노트8에 비해 갤럭시 노트9의 열흡수 능력은 3배, 열전도 능력은 3.5배 더 높다"면서 "게임 등 고사양 앱을 돌리고 AP의 기능을 활용하려면 히트 파이프 설계는 필수적인 조건이 됐다"고 말했다. 이러한 설계기술을 '핵심요소기술(CTE, critical technology element)'이라고 한다.

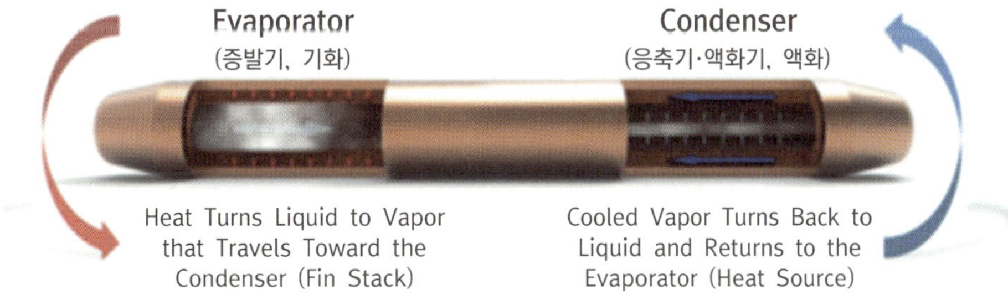

사진 3.3 히트 파이프를 절단한 부분 단면과 냉각원리

CHAPTER 04

냉각시스템의 적용과 사례연구(1)
삼성 및 LG 스마트폰 -히트 파이프와 베이퍼 체임버(챔버)를 중심으로

01 스마트폰에서의 냉각시스템 적용

우리가 사용하고 있는 스마트폰 발열 현상의 원인에 대해 구체적으로 파악하여 제품 특성에 가장 적합한 방열장치와 냉각시스템을 개발하여 적용한 응용 사례를 설명한다. 또한 설계기술을 설명하며 새로운 설계기술을 적용할 때 나타나는 냉각효과를 CAE(Computer Aided Engineering, 컴퓨터에 의한 해석 · 시뮬레이션)를 통하여 보여주려고 한다.

(1) 스마트폰의 발열 현상

최근의 첨단 스마트폰은 다기능, 다성능으로 인하여 내부 실장부품들과 소재가 복잡하다. 또한 경량화를 시키고자 엔지니어링 플라스틱 또는 슈퍼 엔지니어링 플라스틱에 인성(toughness, 질긴 성질)을 주면서 아주 얇게 기구물들을 설계하고 제작한다. 반면에 휘어도 부러지지 않고 잘 견디도록 되어 있다. 그러나 다음과 같은 열에 관한 문제점이 여전히 발생되고 있다.

① 스마트폰 제품의 살두께(wall thickness)가 아주 얇아서 스마트폰의 무게가 가벼워졌지만, 살두께가 얇아지면서 발열이 스마트폰 후면 덮개(back cover)를 만지고 닿는 손으로 바로 전해진다.
② 스마트폰의 고기능, 고성능화로 인하여 전기 소모량이 많아지므로, 내부에 실장된 배터리의 용량도 갈수록 커지고 있어 AP(Application Processor)와 더불어 주요 발열원(源)이 되고 있다.

또한 다음과 같은 이유들로 인해 스마트폰이 과다 발열되고 있다.

1) 충전 중 스마트폰 작동으로 배터리 부하

배터리 관련 발열은 배터리에 부하가 걸려 일어나는 발열이다. 특히 충전 중 배터리에 부하가 걸리는 작업을 한다거나, 급속 충전 시 본체가 뜨거워질 수 있다. 충전하면서 스마트폰으로 게임을 하는 등 부하가 높은 작업을 하게 되면 방전과 충전을 반복하기 때문에 배터리에 큰 부하(과부하)가 걸려 과열되기 쉽다. 그리고 배터리 수명도 단축된다.

2) CPU에 많은 부하

CPU(중앙처리장치)와 관련된 발열 역시 CPU에 부하가 걸려 열이 발생하는 것이 주된 원인이다. 예를 들어, 3D 게임 등 CPU 사용이 높은 애플리케이션(앱, App.)을 사용하고, 많은 응용 프로그램을 시작한 상태로 있거나, 백그라운드에서 집약적 응용 프로그램을 이동하는 등 CPU에 큰 부하가 걸리는 상황이 계속될수록 그만큼 발열되기 쉽다.

3) 발열과 관련된 스마트폰의 주요 전자부품(회로 소자)

스마트폰에 열을 가장 많이 발생시키는 주요 전자부품(회로 소자)을 분류하면 다음과 같다.

① 배터리(battery)

리튬-이온 배터리(Lithium-ion battery)란 이차전지의 일종으로서, 방전과정에서 리튬-이온이 음극에서 양극으로 이동하는 전지이다. 스마트폰에는 보통 1,500~5,000mAh가 사용된다.

② Main PCB(주 인쇄회로기판)

PCB란 Printed Circuit Board로 인쇄회로기판을 의미한다. 구리 배선(패턴, pattern)이 가늘게 인쇄된 판으로 반도체, 콘덴서, 저항기 등 각종 부품을 실장할 수 있도록 되어 있어, 부품 상호간을 연결시키는 역할을 하는 전자부품이다. PCB는 전기 배선을 효율적으로 설계할 수 있도록 함으로써 전자기기의 크기를 줄이고 성능을 높이는 역할을 한다. 여기에 실장된 전자부품 중에서 통신 기능을 하는 송신부(Tx) 및 수신부(Rx)에 관련된 회로 소자에서 발열이 주로 생긴다.

③ AP(Application Processor)

모바일(mobile) AP는 스마트폰에 필요한 OS, 애플리케이션들을 구동시키며(CPU), 여러 가지 시스템(system)장치를 인터페이스(interface)하고 컨트롤(control)하는 기능을 하나의 칩(chip)에 모두 포함하여 만든 것이다. 시스템 반도체로 시스템온칩(System on Chip, SoC)이라고 한다.
배터리와 같이 스마트폰 발열의 가장 큰(주된) 원인이 된다. 사진 4.1에서 메인 PCB와 여기에 실장된 AP(삼성 Exynos5 Octa-Core)를 보여주고 있다.

(a) Main PCB (b) AP(Application Processor)

사진 4.1 메인 PCB와 실장된 AP(삼성 Exynos5 Octa-Core)

02 냉각시스템 개발과 설계기술

(1) 히트 파이프(heat pipe) 기술

예전 스마트폰에 적용된 기술은 사진 4.2와 같다. 사진 4.2는 초창기 스마트폰에 적용된 예전 방열기술을 적용한 방열장치에 대한 특허 도면과 제품 사진이다. 그리고 히트 파이프를 사용한 방열기술에 대한 특징을 다음과 같이 분석하여 설명하였다.

(a) 특허 도면　　(b) 방열장치의 제품 실장 사진　　(c) 냉각(방열)장치의 실물

사진 4.2　초창기 스마트폰에 적용된 예전 냉각(방열)장치 특허 도면과 제품 사진

사진 4.3은 LG전자 G6 스마트폰에 사용한 냉각용 히트 파이프를 분리하는 사진이다.

사진 4.3　LG G6 스마트폰용 히트 파이프(heat pipe)

특징은 다음과 같다.

① 충전 소자와 메인보드를 연결한다.
② 터치펜과 배터리 사이 공간에 존재한다.
③ 배터리와 메인보드 위에 실장된 CPU의 열을 하단부로 전달시켜 과열을 방지한다.
④ 히트 파이프 전 단계의 설계 구조여서 열을 발산하는 표면적이 확실히 작다.
⑤ 좁은 공간에 배치하여 열전달 및 유동(열유속)이 최신 기종에 비해 효율적이지 못하다.

(2) 히트 파이프에 의한 개선설계

앞에서 설명한 초기에 사용된 히트 파이프의 냉각(방열) 효과를 더욱 향상시키기 위하여 개량을 하였다. 이에 따른 개선설계를 다음과 같은 과학기술의 원리를 활용하여 개발하고 설계하였다.

① 실장 공간의 확보가 어려워 소형 히트 파이프를 사용했다. 히트 파이프는 열을 식혀 주는 냉각장치이며, 스마트폰, 태블릿 PC, 노트북을 비롯한 소형 IT기기, 가전제품 등에 많이 사용된다. 보통 3~4mm의 직경을 가진 히트 파이프가 주로 사용된다.
② 최대한 공간을 확보하여 L자형의 히트 파이프를 설치했다. 이 위치가 바로 배터리와 SSD(Solid State Drive) 카드 부분에 부착이 되는 위치이며, 부착됨으로써 열을 많이 흡수하여 냉각시킨다. 스마트폰 자체 발열에 방열효과가 있어 내부 회로 소자들을 보호할 수 있다.

표 4.1은 사용 온도, 즉 작동 온도에 따른 히트 파이프에 사용 가능한(적용하는) 액체와 기체를 포함하는 냉매용 유체(유동체)를 비교한 자료이다.

표 4.1 작동 온도에 따른 사용 가능한 유체

작동 온도(℃)	주요 작동유체
-270~-70(극저온)	헬륨, 아르곤, 크립톤, 질소, 메탄
-70~200(저온)	물, 프레온계 냉매, 암모니아, 아세톤, 메탄올, 에탄올 등
200~500(중온)	나프탈렌, 유황, 수은
500~1,000(고온)	세슘, 칼륨, 나트륨
1,000 이상(초고온)	리튬, 납, 은

그림 4.1은 개선설계된 박판으로 된 각형 구조의 히트 파이프의 형상이다.

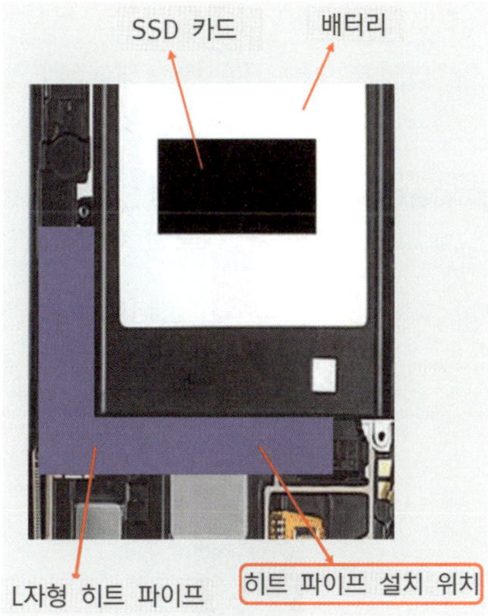

그림 4.1 개선설계된 히트 파이프의 형상(L자형)과 설치위치

앞에서 설명하고 개선설계한 히트 파이프와 스마트폰 제품을 모델링하였다. 그림 4.2에서 보여주는 히트 파이프는 방열효과를 좋게 하기 위하여 최대한으로 공간을 확보하기 위해 L자형 형상의 히트 파이프를 설계하여 설치한 것이다. 공간을 최대로 확보하여 표면적을 최대화시킨 최적설계도면이다.

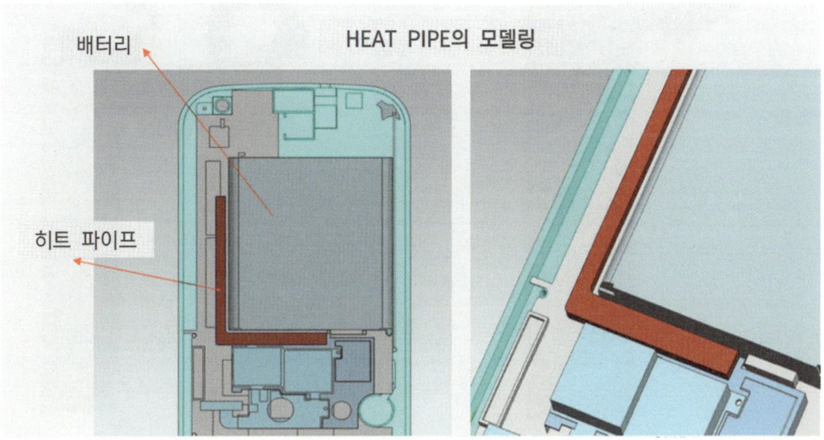

(a) 평면도 (b) 입체도

그림 4.2 스마트폰 내부에 설치된 L자형 히트 파이프

히트 파이프를 추가 설치함으로써 방수·방진을 위해 밀폐된 스마트폰 내부에서 발열로 인한 피해를 줄이는 가장 좋은 방열효과를 얻을 수 있다. 이러한 방열 역할(기능)을 하는 쿨링시스템에 있어서 박판 구조로 두께를 줄이면서 표면적을 크게 넓힌 냉각장치를 히트 스프레더 또는 베이퍼 체임버라고 하며 냉각효과도 뛰어나 제품과 배터리의 수명을 더 길게 연장해 준다.

(3) 히트 스프레더(heat spreader)에 의한 개선설계

히트 스프레더는 구리 재질로 열전도계수는 400W/mK이다. 모델링으로 설계한 히트 스프레더는 그림 4.3과 같다.

그림 4.3 박판(thin plate, 얇은 판)으로 설계한 히트 스프레더

그림 4.4는 히트 스프레더를 주 인쇄회로기판(main PCB)에 실장한 도면이다.

(a) 히트 스프레더 실장 전(AP 부위) (b) 히트 스프레더 실장 후(AP 부위)

그림 4.4 히트 스프레더를 실장한 주 인쇄회로기판(main PCB)

삼성 스마트폰 갤럭시 S5에 박판으로 형성된 히트 스프레더 개선설계안을 적용시켜 CAE에 의한 열유동해석을 한 결과는 그림 4.5와 같다. 그림 4.5(a)와 같이 열유속이 빨라진다(열유속 : 554.3W/m^2 → 6,700W/m^2).

이는 히트 스프레더를 적용했을 때 다양한 방향으로 열이 확산되어 열유속이 빨라지는 현상을 파악할 수 있었다. 히트 스프레더의 넓은 표면적을 통하여 열유속이 다양한 방향으로 퍼진다는 것은 그만큼 열도 빨리 방출되어 PCB에 미치는 전체 온도 분포도 작게 하는 것이다.

열유속이 빨라지는 만큼 AP(Application Processor)에서 발열 온도가 2.2℃ 정도 낮아지는 것을 그림 4.5(b)에서 확인할 수 있다.

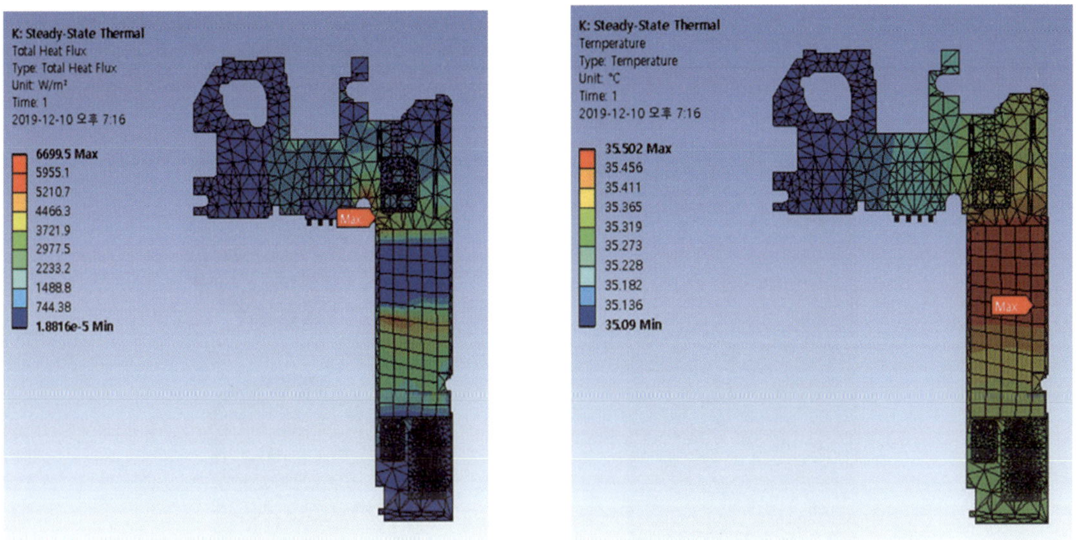

(a) 총 열유속 (b) 온도(최대 발열 온도 : 35.5℃로 낮아짐)

그림 4.5 히트 스프레더 개선설계안에서의 열유속과 온도(CAE에 의한 열유동해석)

참고로 스마트폰에서 AP를 포함하는 CPU에서 발생하는 온도는 표 4.2와 같다.

표 4.2 스마트폰 CPU에서 발생하는 발열 온도

구분	앞면 온도	뒷면 온도	배터리 소모량	CPU 점유율	RAM 사용량
갤럭시 S5	37.7℃	35.9℃	−4%	66%	576MB
갤럭시 S4A	40.1℃	35.9℃	−4%	57%	726MB
아이폰 5S	34.6℃	33.3℃	−6%	−	−

그림 4.6은 히트 스프레더를 AP뿐만 아니라 배터리팩에도 실장하여 개선설계를 한 개선도면이다. 스마트폰에서 가장 큰 발열원(源)인 배터리와 AP에 히트 스프레더를 실장하면 냉각효과는 시너지(상승효과)로 인하여 훨씬 커진다.

배터리팩 중앙부에서는 45℃의 발열 온도였지만 히트 스프레더 장착 시 약 10℃가 낮아졌다. 그림 4.6은 개선설계된 냉각장치를 스마트폰에서 가장 열이 많이 발생되는 main PCB의 AP부와 배터리팩에 부착하여 실장한 모델링 도면을 보여주고 있다. 여기에 적용한 기술은 스마트폰에서 발열을 최소화시키는 가장 이상적인 냉각시스템이다. 이 개선설계는 조립, 간섭 등을 피하고 방열효과를 극대화시키고자 최적설계로 실제 제품에 적용한 것이다.

(b) 배터리팩 윗면에 실장

(a) 최종 어셈블리에 적용(개선설계된 방열장치) (c) Main PCB AP 윗면에 실장

그림 4.6 스마트폰의 배터리팩과 AP 윗면에 냉각장치(방열장치) 히트 스프레더를 실장한 개선설계

(4) 베이퍼 체임버에 의한 개선설계

1) 개선설계와 CAE 해석에 의한 냉각효과

그림 4.7과 같은 형상과 구조의 베이퍼 체임버(vapor chamber) 냉각장치를 새롭게 설계하였다. LG전자 G3의 내부 조립공간을 감안하여 최적으로 개선설계된 냉각장치를 사용하여 G3의 메인보드(main board)

열유동해석을 진행하여 예상 냉각효과를 예측하였다. 베이퍼 체임버의 재질은 동합금(copper alloy)을 사용하였다.

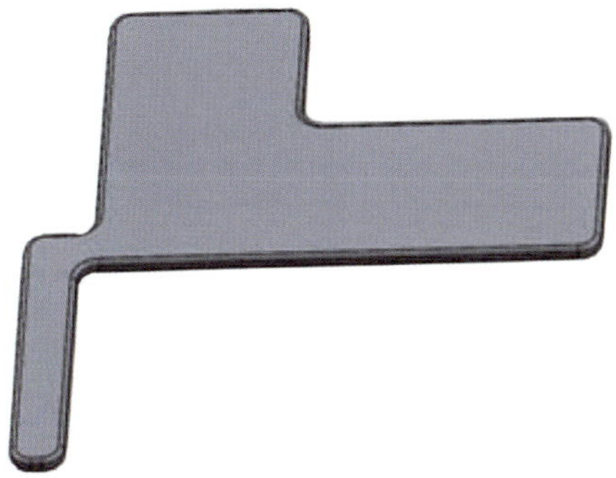

그림 4.7 베이퍼 체임버(챔버) 설계도면

그림 4.8은 베이퍼 체임버가 실장 · 조립되어 있는 메인보드의 열해석 내용을 보여준다. 방열 기능을 하는 쿨링시스템에 있어서, 박판(thin plate) 구조로 두께를 줄이면서 표면적을 넓힌 냉각장치를 히트 스프레더 또는 베이퍼 체임버(챔버)라 하며 냉각효과도 뛰어나고 우수하다. 장시간 사용한 스마트폰의 메인보드에 베이퍼 체임버를 실장한 후 앤시스(ANSYS) 해석 프로그램을 사용하여 열해석을 하였다.

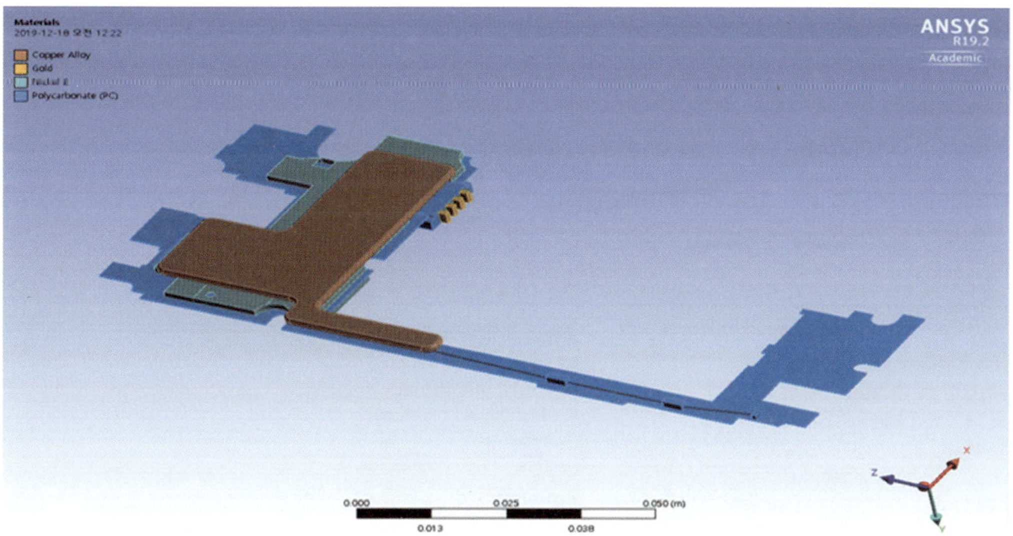

그림 4.8 베이퍼 체임버를 사용한 메인보드의 열해석(LG전자 G3 스마트폰)

그림 4.9는 메인보드(main PCB)에 실장된 베이퍼 체임버의 조립설계도면이다.

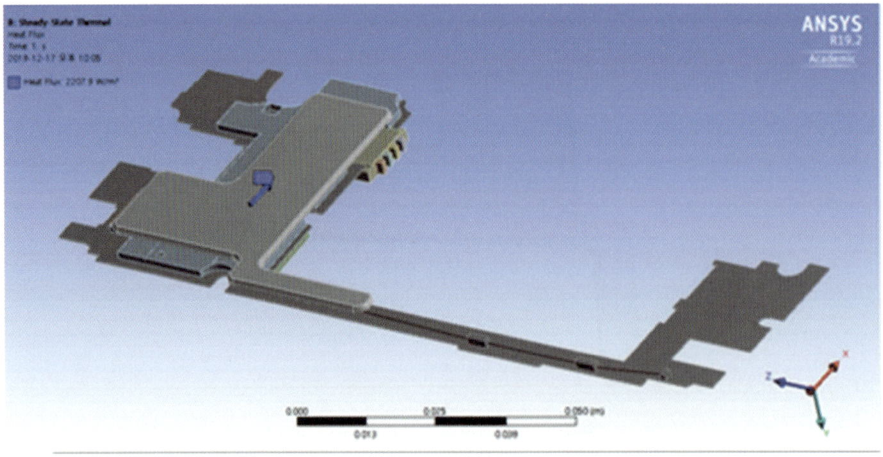

그림 4.9 베이퍼 체임버(챔버)의 조립설계도

또한 열해석에 있어서 구속조건은 그림 4.10과 같다.

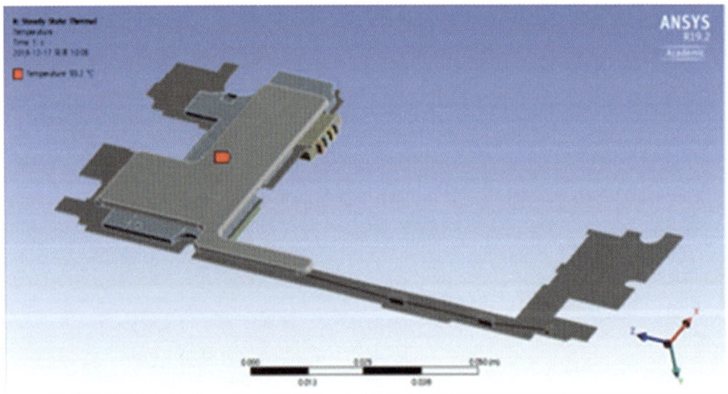

Details of "Temperature"

Scope	
Scoping Method	Geometry Selection
Geometry	1 Body
Apply To	Exterior Faces Only
Definition	
Type	Temperature
Magnitude	55.2 °C (step applied)
Suppressed	No

Details of "Heat Flux"

Scope	
Scoping Method	Geometry Selection
Geometry	1 Body
Definition	
Type	Heat Flux
Magnitude	69821 W/m² (step applied)
Suppressed	No

(a) AP의 최고온도 : 55.2℃

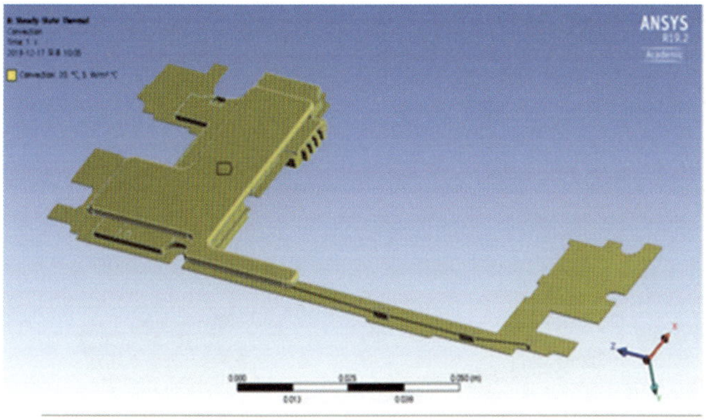

Details of "Convection"	
Scope	
Scoping Method	Geometry Selection
Geometry	12 Bodies
Definition	
Type	Convection
Film Coefficient	5. W/m²·°C (step applied)
Ambient Temperature	20. °C (ramped)
Convection Matrix	Program Controlled
Suppressed	No

(b) 주위 온도 : 20℃

그림 4.10 열해석의 구속조건

열해석 구속조건의 계산식은 다음과 같다.

$$Q = \sqrt{hpkA_c}(T_s - T_\infty)/A_c = 69{,}821\,W/m^2$$

$$h = 5\frac{W}{m^2K}$$

$$p = (15.25 + 15.25) \times 2$$

$$k = 3{,}000\frac{W}{mK}$$

$$A_c = 232.5625 \times 10^{\quad 0}$$

$$T_s = 55.2℃$$

$$T_\infty = 20℃$$

2) CAE 해석에 의한 냉각효과 검증(예측)

그림 4.11은 메인보드(main PCB)에 실장된 베이퍼 체임버(vapor chamber)의 열해석 결과에 있어 여러 방향으로 열이 잘 분산되는 열유동을 나타내는 열유속(total heat flux) 결과이다. 방열효과(냉각효과)를 잘 보여주고 있다.

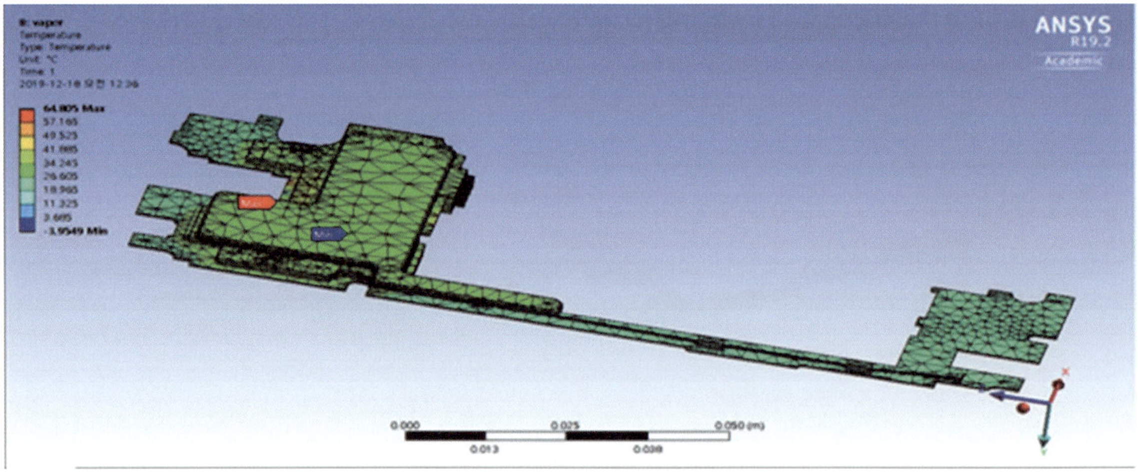

그림 4.11 베이퍼 체임버의 열유속해석

열해석에 있어서 온도는 그림 4.12와 같이 예측되었다.

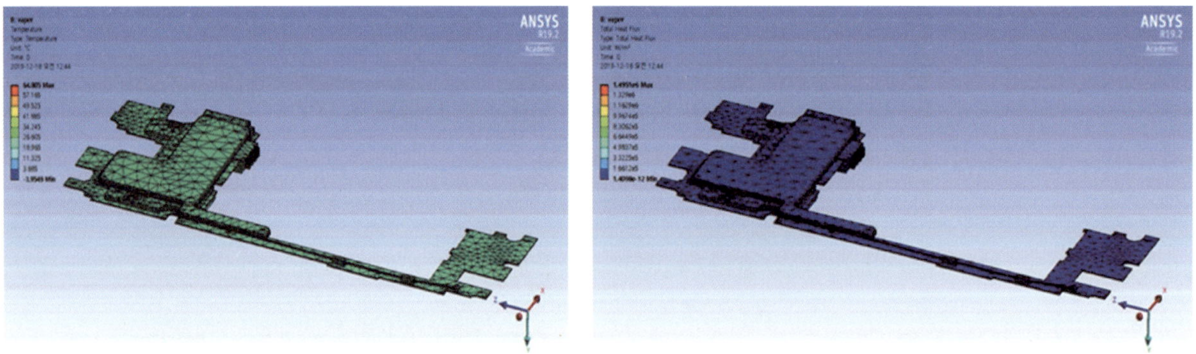

(a) 메인보드 AP 위치 표면 최고 온도 : 26.7℃

(b) Max : 1.4951e6(W/m)

그림 4.12 메인보드에 실장된 AP의 온도해석

CHAPTER 05

냉각시스템의 적용과 사례연구(2)
애플 아이폰 6S의 해석과 개선설계 - 히트 파이프와 베이퍼 체임버(챔버)를 중심으로

01 아이폰 6S(iPhone 6S)에서의 발열

여기서는 애플의 아이폰 6S(iPhone 6S) 제품의 개요 및 발열의 원인이 되고 있는 주요 전자부품 소재와 관련된 기구 및 회로 구조에 대하여 사진과 도면으로 형상과 구조에 대해 역공학설계(reverse engineering design)를 하였다.

적합한 냉각장치와 냉각시스템을 이해하고 최적으로 적용하기 위해서는 대상 제품과 발열부, 발열 원인에 대한 정확한 구조, 설계기술, 조립에 관련한 연관 기술에 대한 지식을 알아야 한다. 그리고 이에 대한 예시로 과학기술을 응용하여 스마트폰에서 효과적인 냉각효과를 얻기 위해 기술개발한 진보된 냉각시스템으로 사례연구를 전개한다.

(1) 아이폰 6S 외관 도면

1) 2D(2차원) 드로잉 도면

그림 5.1은 미국 애플사(Apple Inc.)의 스마트폰인 아이폰 6S를 2D 드로잉(drawing)한 도면으로 정면도, 우측면도, 좌측면도, 저면도를 도시하고 있다. 규격은 67.1 × 138.3 × 7.1mm이며, 무게는 413g이다.

그림 5.1 애플 아이폰 6S의 2D(2차원) 드로잉 도면

2) 3D(3차원) 어셈블리(assembly, 조립도) 모델링

그림 5.2는 애플 아이폰 6S의 어셈블리를 3D(3Dimension, 3차원)로 모델링하고, 그림 5.3에서는 로고(logo)를 붙이고 색상을 입혀(coloring, 컬러링) 입체적으로 도시하여 보여주고 있다. 완전 조립된 스마트폰 제품인 세트(set)의 외관을 보여주는 솔리드 어셈블리 모델링(solid assembly modeling)이다.

보는 시각에 따른 다양한 각도의 입체도와 여러 가지 색상을 입혀서 도시하였다. 이를 렌더링(rendering)이라 한다.

① 3D 어셈블리(렌더링 1)

(a) 입체도 (b) 앞면(정면) (c) 뒷면(배면)

그림 5.2 애플 아이폰 6S의 3D 어셈블리(assembly, 조립도) 모델링

② 3D 어셈블리(렌더링 2)

(a) 앞면과 뒷면 (b) 입체도의 앞면과 뒷면

그림 5.3 애플 아이폰 6S의 색상을 입힌(coloring) 3D 어셈블리 모델링

(2) 제품 분해사진 및 3D 모델링(modeling) 도면

발열의 원인이 되는 주요 부품과 냉각시스템이 실장된 구조를 이해하고 확인하기 위하여, 제품을 분해하고 역으로 설계, 즉 역공학설계한 3차원(3D) 도면을 설계하였다.

1) 몸체(main body, 메인 바디)

사진 5.1은 애플 아이폰 6S를 분해하는 사진이다. 특징은 기존 삼성 갤럭시 스마트폰 시리즈보다 분해하기도 어려울 뿐 아니라 조립하기도 쉽지 않다.

좌우에 설치된 프레스(press) 제품의 결합(fitting, 형합) 구조물에 다수의 기계나사를 조립하여 세트(set)를 조립 · 고정하는 설계기술을 적용하고 있다.

사진 5.1 애플 아이폰 6S 분해 사진

사진 5.2는 애플 아이폰 6S의 메인 바디(main body, 몸체) 앞면의 실물 사진과 3D 모델링 도면이다. 몸체 앞면(front case)과 뒷면(back case)은 모두 알루미늄 합금(Al alloy) 재질로 되어 있다.

(a) 메인 바디(main body) 앞면의 실물 사진　　(b) 3D 모델링

사진 5.2 애플 아이폰 6S의 메인 바디 앞면의 실물 사진과 3D 모델링

2) 메인보드(main board)

모바일 애플리케이션 프로세서(AP)가 실장되어 발열을 일으키는 주요 소스(source, 발열원)가 되는 애플 아이폰 6S 메인보드(main PCB)의 앞면과 뒷면은 사진 5.3, 사진 5.4와 같다.

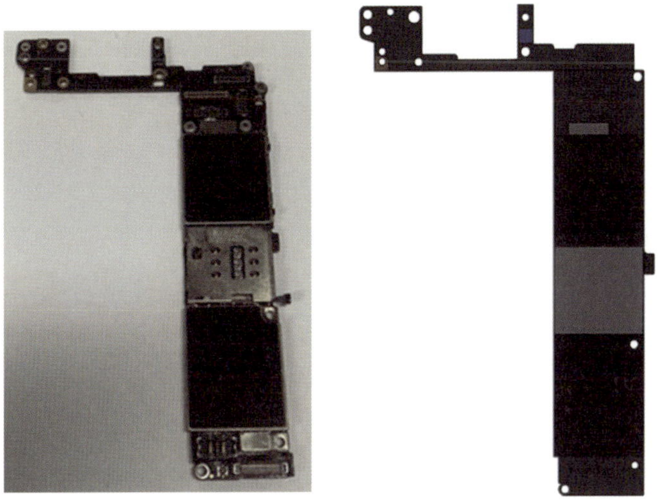

(a) 메인보드 앞면의 실물 사진　　　(b) 3D 모델링

사진 5.3 메인보드 앞면의 실물 사진과 3D 모델링

(a) 메인보드 뒷면의 실물 사진　　　(b) 3D 모델링

사진 5.4 메인보드 뒷면의 실물 사진과 3D 모델링

(3) 2D(2차원) 상세도면(detail drawing)

앞에서 보여준 주요 부품의 3D 모델링 도면에 대한 2D 부품 도면은 그림 5.4, 5.5, 5.6과 같다.

① 메인 바디(main body) - 1/2

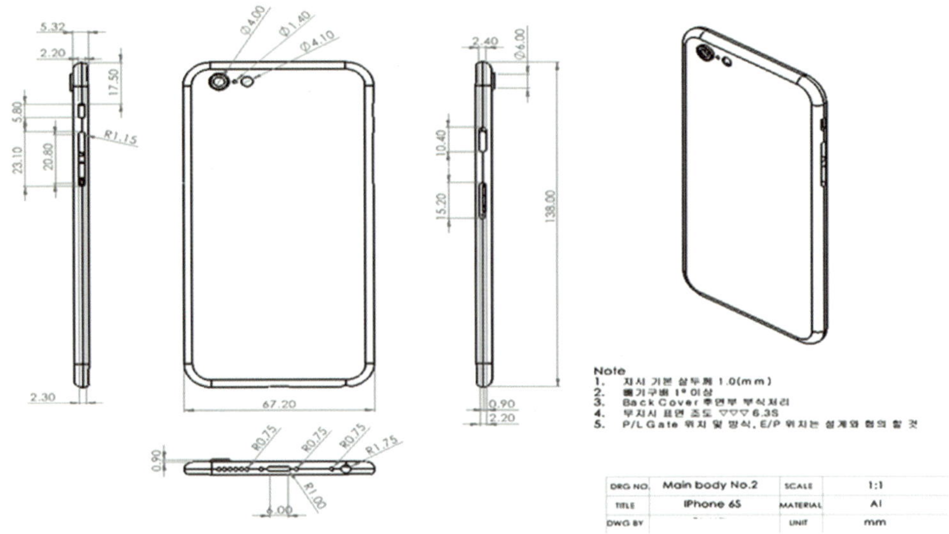

그림 5.4 메인 바디(main body) - 1/2

② 메인 바디(main body) - 2/2

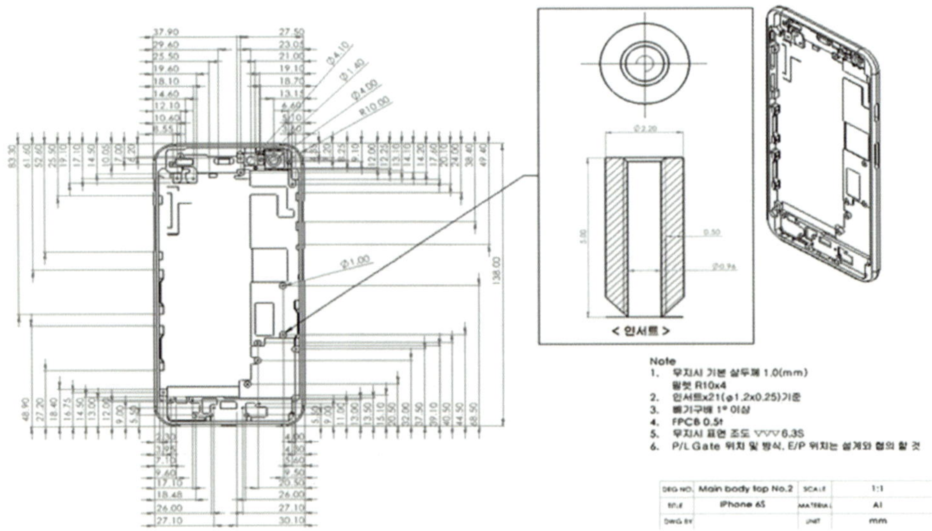

그림 5.5 메인 바디(main body) - 2/2

③ 메인보드 – AP 실장

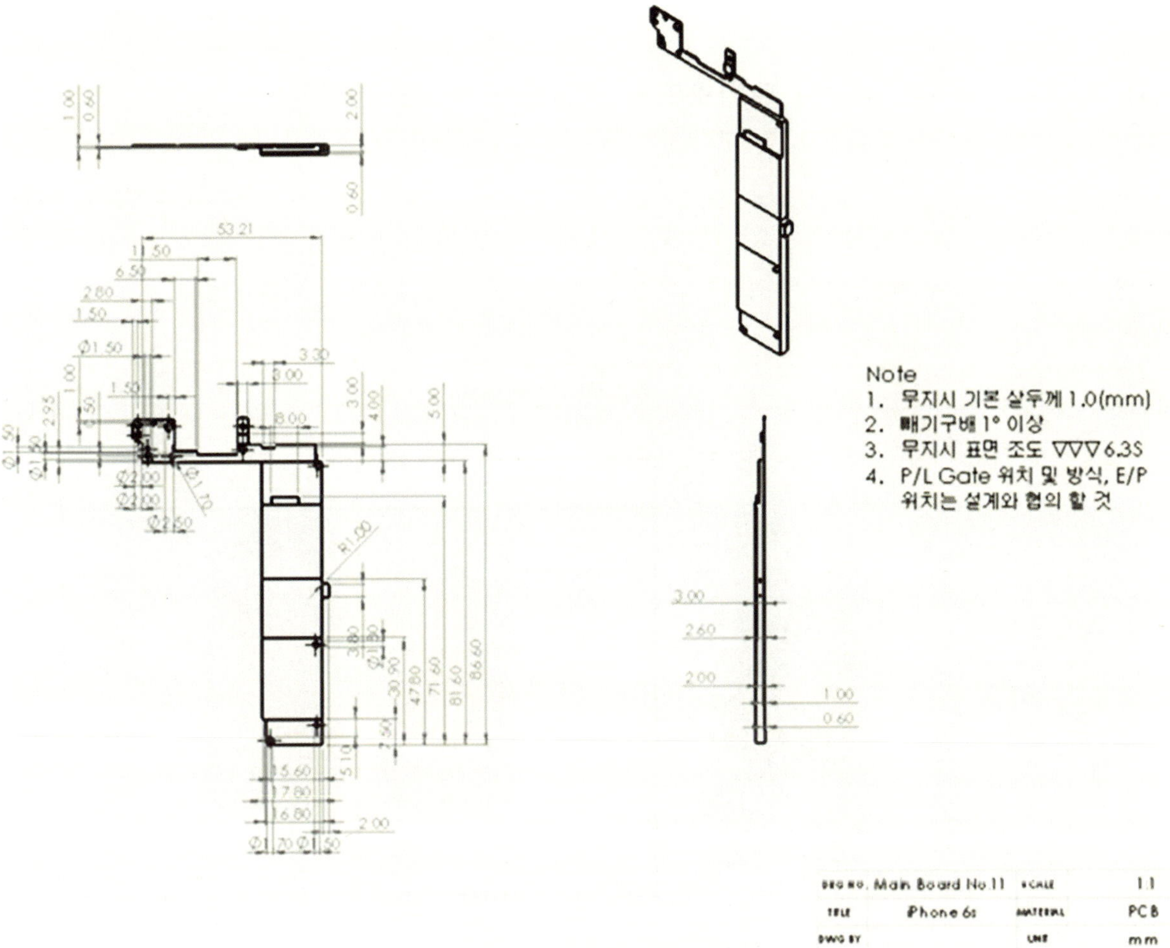

그림 5.6 메인보드 – AP 실장

02 열흐름해석(Thermal Flow Analysis)

(1) 배터리와 AP가 실장된 메인보드의 열유동해석(열흐름해석)

스마트폰을 사용 시 가장 많은 열을 발생하는 주요 발열원인 배터리와 AP, 송수신 회로(Tx, Rx)와 크리스탈 발진기(X-tal) 등이 실장된 메인보드를 메인 바디(앞면)에 조립 후에 열유동해석을 시행하였다. 그림 5.7은 배터리와 메인보드가 조립되어 있는 조립도면과 해석조건을 나타내었다.

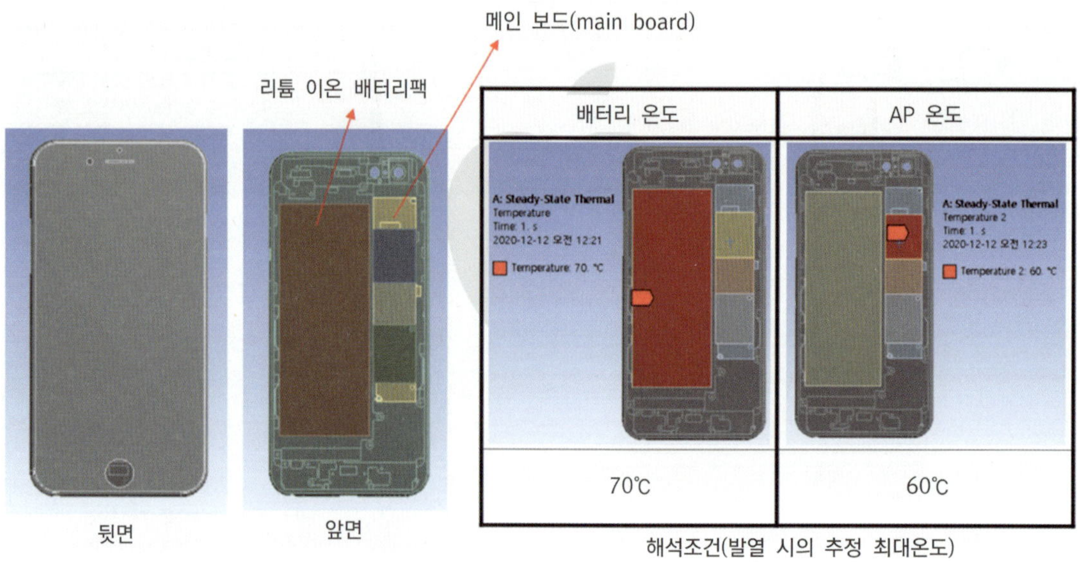

(a) 메인 바디(뒷면과 앞면)의 3D 모델링　　　　(b) 해석 조건

그림 5.7 리튬-이온 배터리팩과 AP를 실장한 메인보드가 조립된 메인 바디(뒷면과 앞면)의 3D 모델링

표 5.1과 같이 초기 조건을 설정하여 해석을 하였으며, 해석의 결과를 그림 5.8과 같이 보여준다.

표 5.1 초기 조건의 설정(초기 온도 : 22℃)

Definition	
Initial Temperature	Uniform Temperature
Initial Temperature value	22℃

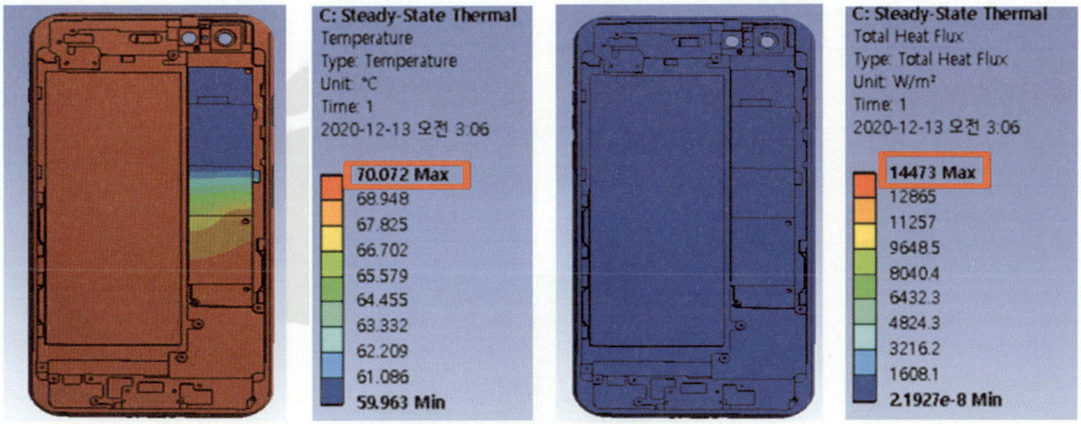

(a) 온도(temperature) (b) 총 열유속(total heat flux)

그림 5.8 해석 결과

(2) 히트 파이프의 설계 및 열유동해석

그림 5.9와 같이 새로운 냉각장치로 사용되고 있는 히트 파이프를 설계하여 냉각효과를 개선하기 위하여 메인 바디에 조립된 AP 등이 실장된 메인보드 위에 히트 파이프를 고정하고, 프런트 커버와의 조립 시 여유 공간을 확인한 후 여유 공간에 따른 최적설계된 히트 파이프를 부착하여 열유동해석을 진행한 결과 냉각효과는 향상되었다.

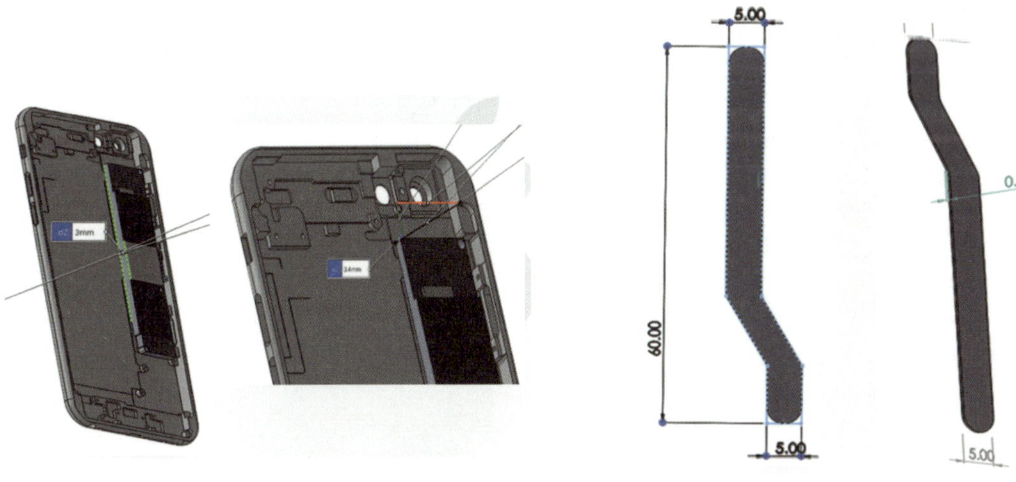

(a) 히트 파이프 설계를 위한 여유 공간 확인 (b) 최적설계한 히트 파이프

그림 5.9 최적의 히트 파이프 설계와 실장 공간의 확인

1) 히트 파이프의 열유동해석

① 냉매(냉각수, 물)

그림 5.10과 같이 히트 파이프를 설계하여 메인보드의 AP 윗면에 히트 파이프를 부착하여 고정한 후 히트 파이프에 냉매로 물(냉각수)을 적용했을 때의 열유동해석을 한 결과는 그림 5.11과 같다.

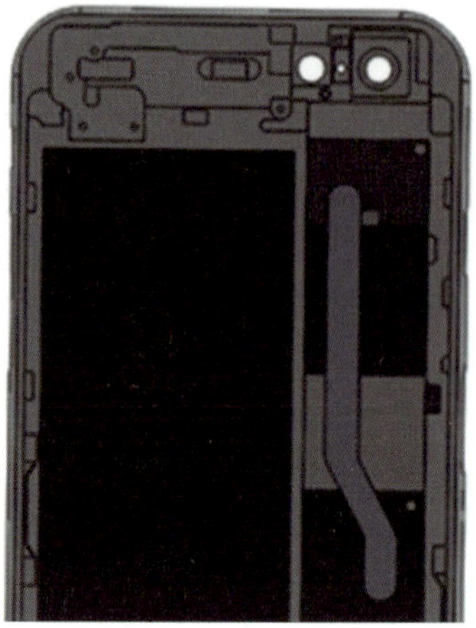

그림 5.10 AP 위에 제작한 히트 파이프 부착

- 물의 기화열 : 0.0261W/mK
- 최대 온도 : 70.072℃ → 66.41℃로 약 5.23% 감소

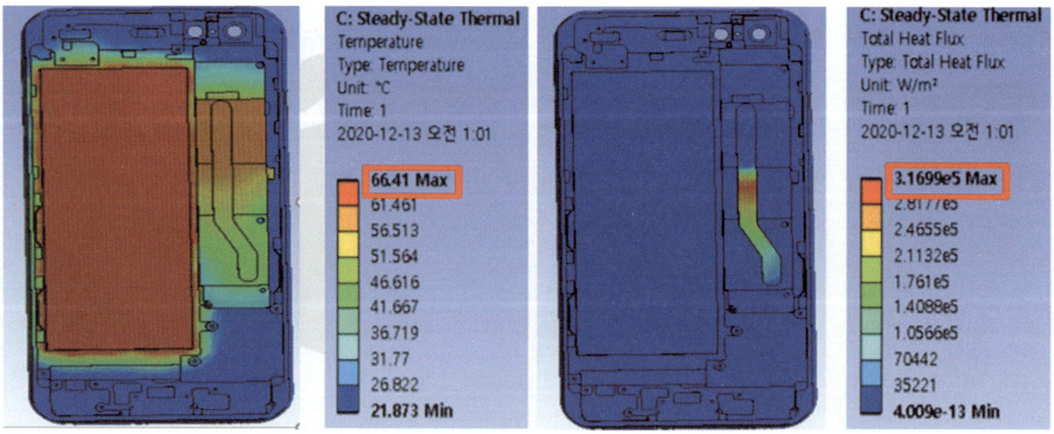

(a) 온도 (b) 총 열유속

그림 5.11 히트 파이프에 냉매로 물(냉각수)을 적용했을 때의 해석 결과

히트 파이프를 탑재한 개선설계에 대하여 그림 5.12와 같이 ANSYS(앤시스)의 열유동해석 툴(tool, 프로그램 소프트웨어)을 사용하여 열흐름을 애니메이션으로 나타내었다. 이러한 동영상은 열발생의 근원에서 어느 방향으로 열이 확산되는지를 정확하고, 구체적으로 파악할 수 있고, 동시에 열확산에 따른 온도 분포도 파악하여 방열에 대한 근본적인 대책을 세울 수 있다.

그림 5.12 ANSYS(앤시스)의 열유동해석

2) 히트 파이프의 열유동해석

① 냉매(메탄올)

그림 5.13과 같이 히트 파이프를 설계하여 메인보드 위의 AP에 히트 파이프를 부착하여 고정한 후 히트 파이프에 냉매로 메탄올(methanol 또는 메틸알코올, methyl alcohol)을 적용했을 때의 열유동해석을 한 결과는 그림 5.14와 같다.

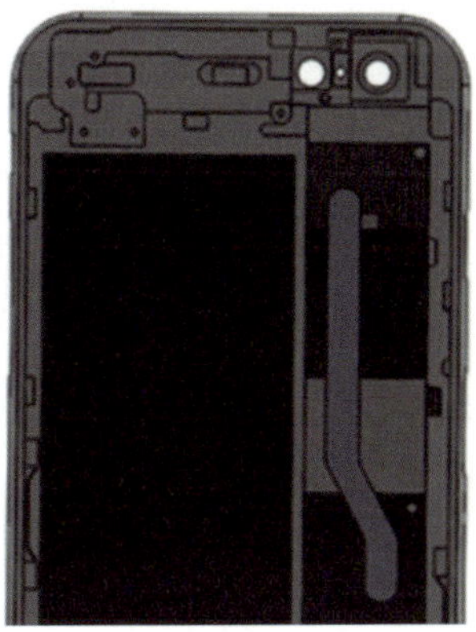

그림 5.13 AP 위에 제작한 히트 파이프 부착

- 메탄올의 기화열 : 0.0163W/mK
- 최대 온도 : 70.072℃ → 66.41℃로 약 0.78% 감소

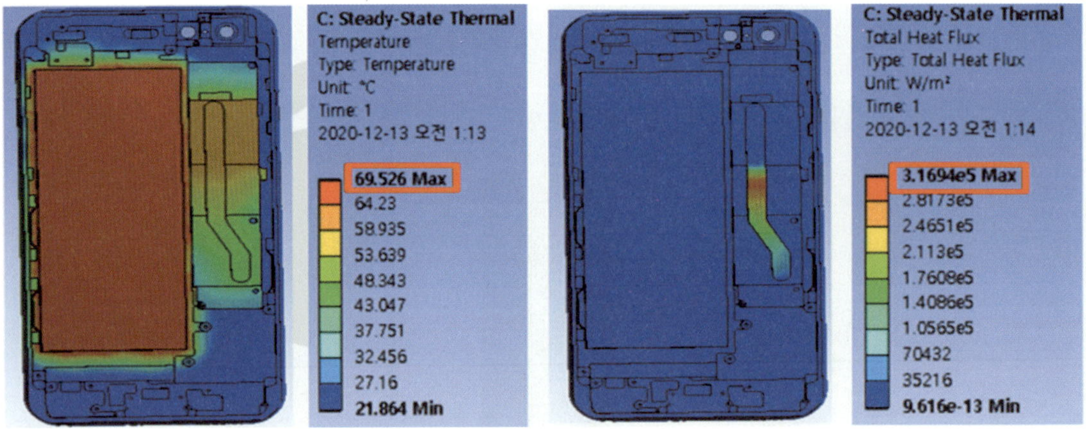

(a) 온도 (b) 총 열유속

그림 5.14 히트 파이프에 냉매로 메탄올을 적용했을 때의 해석 결과

3) 히트 파이프의 열유동해석

① 냉매(암모니아)

그림 5.15와 같이 히트 파이프를 설계하여 메인보드 위의 AP에 히트 파이프를 부착하여 고정한 후 히트 파이프에 냉매로 암모니아를 적용했을 때의 열유동해석을 한 결과는 그림 5.16과 같다.

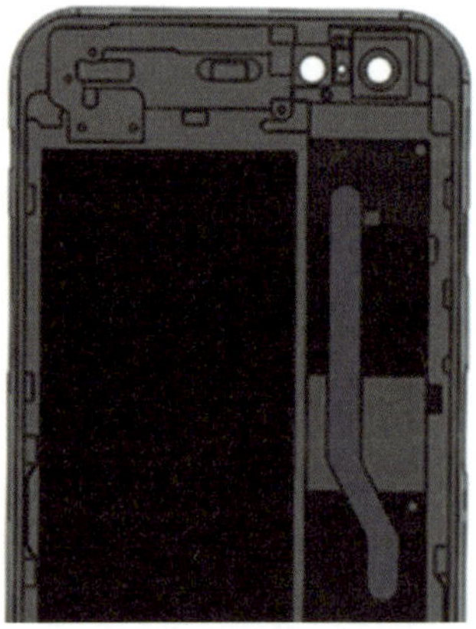

그림 5.15 AP 위에 제작한 히트 파이프 부착

- 암모니아의 기화열 : 0.0247W/mK
- 최대 온도 : 70.072℃ → 68.487℃로 약 2.26% 감소

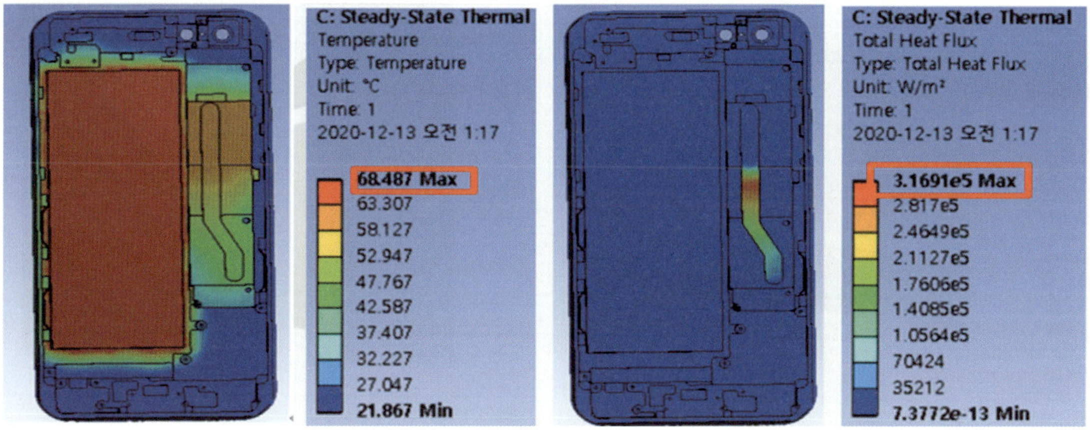

(a) 온도 (b) 총 열유속

그림 5.16 히트 파이프에 냉매로 암모니아를 적용했을 때의 해석 결과

(3) 베이퍼 체임버의 설계 및 열유동해석

냉각장치로 사용되고 있는 냉각성능이 우수한 박판 타입(thin plate type)의 베이퍼 체임버(챔버)를 새롭게 설계하여 냉각효과를 개선하는 최적설계(optimal design)와 이를 검증하기 위한 열유동해석을 진행하였다.

메인 바디(main body)에 실장된 배터리팩 하단부(밑)에 베이퍼 체임버를 양면 접착제(미국 3M 또는 독일 TESA의 double adhesive tape 등급)로 부착하여 고정·조립한다. 메인 바디를 덮어 형합(fitting)하는 프런트 커버(front cover)와의 조립 시 여유 공간을 확인한 후 여유 공간에 따른 베이퍼 체임버를 설계하여 최적설계된 베이퍼 체임버를 배터리팩 밑에 부착하여 열유동해석을 진행한 결과 냉각효과는 아주 향상되었다.

베이퍼 체임버는 박판 형태로 표면적을 최대한 넓힐 수 있는 장점이 있어 경박단소 제품의 냉각장치로 아주 적합하고 이상적이다.

그림 5.17은 베이퍼 체임버 실장을 위한 여유공간 확인 및 배터리 밑에 실장할 베이퍼 체임버를 최적설계한 설계도면이다.

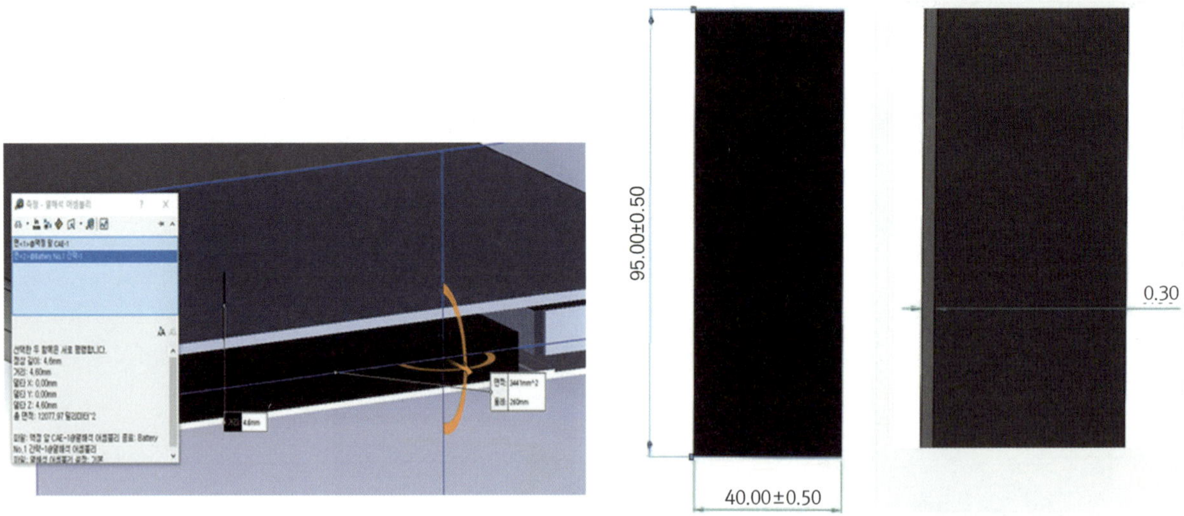

(a) 베이퍼 체임버 실장 공간 확인　　　　(b) 최적의 베이퍼 체임버 설계(최적설계)

그림 5.17　여유공간 확인 및 배터리 밑에 베이퍼 체임버 설계

1) 베이퍼 체임버의 열유동해석

① 냉매(냉각수, 물)

그림 5.18과 같이 베이퍼 체임버를 설계하여 배터리팩 하단(밑)에 부착하여 고정한 후 베이퍼 체임버에 냉매로 물(냉각수)을 적용했을 때의 열유동해석을 한 결과는 그림 5.19와 같다.

그림 5.18　배터리팩 밑에 설계한 베이퍼 체임버 부착

- 물의 기화열 : 0.0261W/mK
- 최대 온도 : 70.072℃ → 61.616℃로 약 12.07% 감소

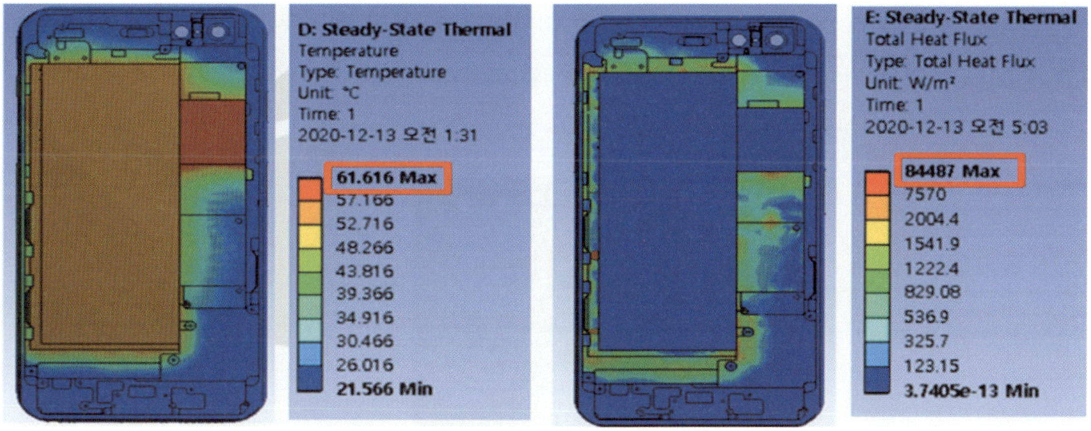

(a) 온도 (b) 총 열유속

그림 5.19 냉매로 물을 적용했을 때의 해석 결과

베이퍼 체임버에 냉매로 냉각수(물)를 적용했을 때의 열유동해석을 실행한 결과에 대한 열흐름을 그림 5.20과 같이 애니메이션(animation)으로 나타냈다. ANSYS(앤시스)의 열유동해석 툴(tool, 프로그램 소프트웨어)을 사용하여 열흐름(thermal flow)을 분석한 것이다.

그림 5.20 ANSYS(앤시스)의 열유동해석

2) 베이퍼 체임버의 열유동해석

① 냉매(에탄올)

그림 5.21과 같이 베이퍼 체임버를 설계하여 배터리팩 하단(밑)에 부착하여 고정한 후 베이퍼 체임버에 냉매로 에탄올(ethanol 또는 에틸알코올, ethyl alcohol)을 적용했을 때 열유동해석을 한 결과는 그림 5.22와 같다.

그림 5.21 배터리팩 밑에 제작한 베이퍼 체임버 부착

- 에탄올의 기화열 : 0.0163W/mK
- 최대 온도 : 70.072℃ → 67.318℃로 약 3.9% 감소

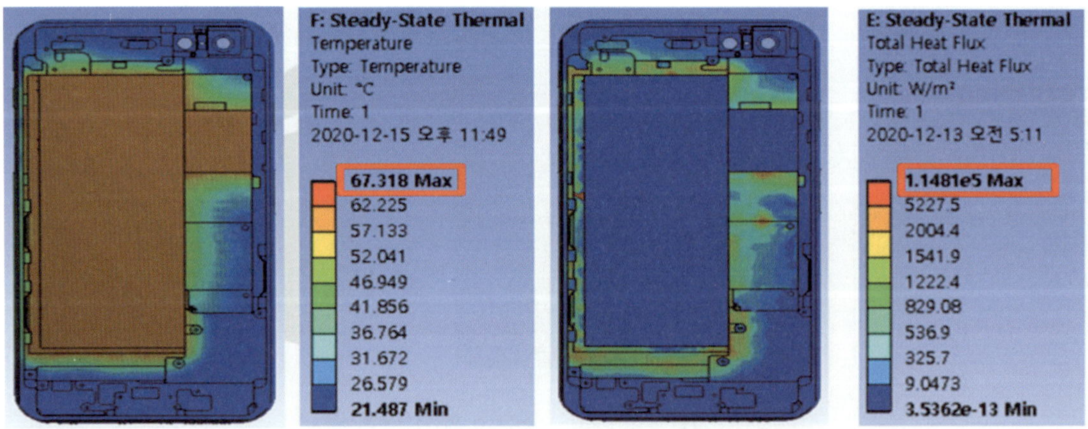

(a) 온도 (b) 총 열유속

그림 5.22 냉매로 에탄올을 적용했을 때의 해석 결과

3) 베이퍼 체임버의 열유동해석

① 냉매(암모니아)

그림 5.23과 같이 베이퍼 체임버를 설계하여 배터리팩 하단(밑)에 부착하여 고정한 후 베이퍼 체임버에 냉매로 암모니아를 적용했을 때 열유동해석을 한 결과는 그림 5.24와 같다.

그림 5.23 배터리팩 밑에 제작한 베이퍼 체임버 부착

- 암모니아의 기화열 : 0.0247W/mK
- 최대 온도 : 70.072℃ → 61.616℃로 약 4.4% 감소

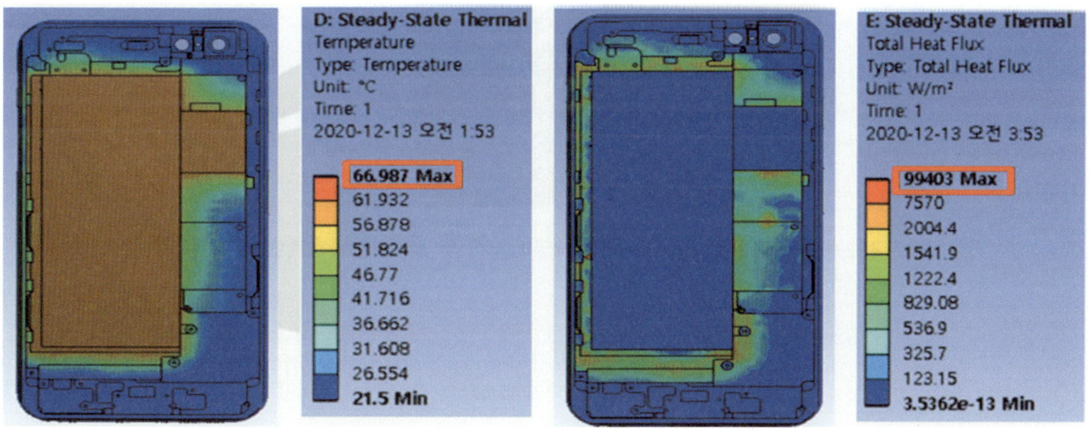

(a) 온도 (b) 총 열유속

그림 5.24 냉매로 암모니아를 적용했을 때의 해석 결과

(4) 히트 파이프와 베이퍼 체임버의 설계 및 열유동해석

메인보드의 AP 윗면에 히트 파이프를 설계하여 부착·고정하고, 동시에 베이퍼 체임버를 설계하여 배터리팩 하단(밑)에 부착하여 고정한 후 스마트폰의 주요 발원부인 AP와 배터리팩(battery pack)으로부터 냉각효과의 시너지(synergy, 결합효과)를 얻기 위한 목적으로 새로운 방열설계를 위한 두 가지 냉각장치를 탑재한 후 열유동해석을 한 결과는 다음과 같다. 열유동해석(CAE) 결과 최상의 냉각효과를 얻었다.

1) 히트 파이프와 베이퍼 체임버의 열유동해석

① 냉매(냉각수, 물)

그림 5.25와 같이 냉각장치인 히트 파이프와 베이퍼 체임버를 설계하여 배터리팩 하단(밑)과 메인보드의 AP 윗면에 부착하여 고정한 후 두 종류의 냉각장치 냉매로 물(냉각수)을 적용했을 때 열유동해석을 한 결과는 그림 5.26과 같다.

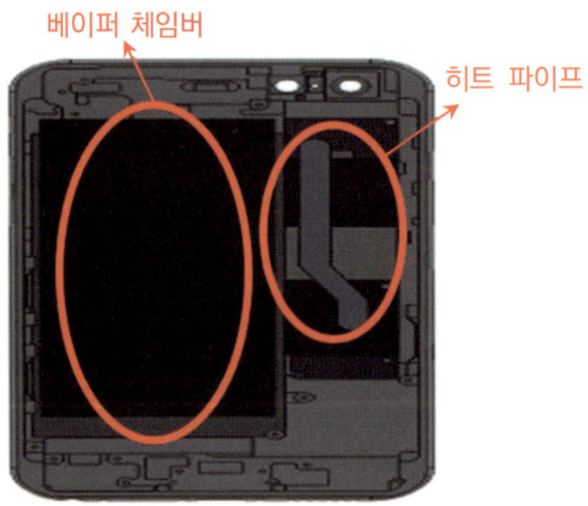

그림 5.25 배터리팩 밑에 설계한 베이퍼 체임버 부착 및 AP 윗면에 설계한 히트 파이프 부착

- 물의 기화열 : 0.0261W/mK
- 최대 온도 : 70.072℃ → 66.41℃로 약 15.63% 감소

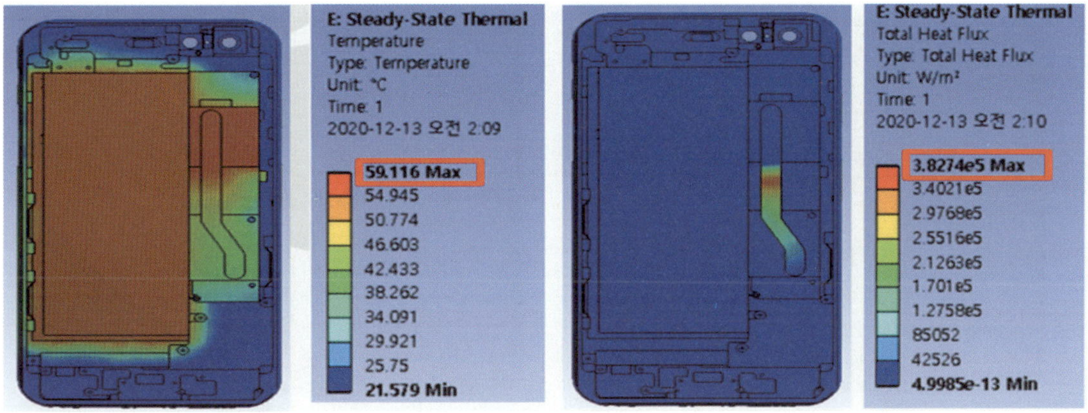

(a) 온도 (b) 총 열유속

그림 5.26 두 종류의 냉각장치 냉매로 물을 적용했을 때의 해석 결과

2) 히트 파이프와 베이퍼 체임버의 열유동해석

① 냉매(메탄올)

그림 5.27과 같이 냉각장치인 히트 파이프와 베이퍼 체임버를 설계하여 배터리팩 하단(밑)과 메인 보드의 AP 윗면에 부착하여 고정한 후 두 종류의 냉각장치 냉매로 메탄올(methanol 또는 메틸알코올, methyl alcohol)을 적용했을 때 열유동해석을 한 결과는 그림 5.28과 같다.

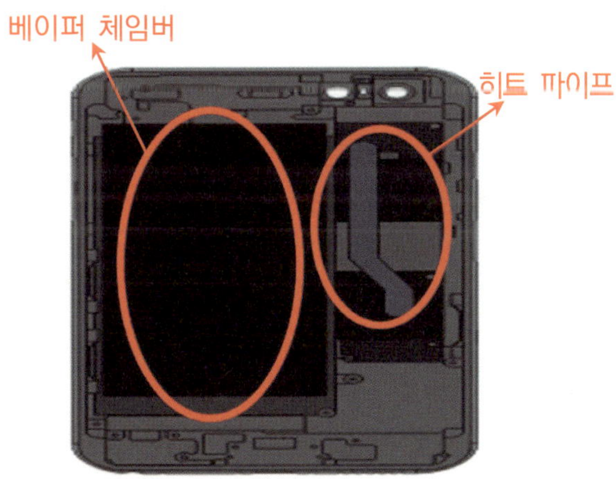

그림 5.27 배터리팩 밑에 설계한 베이퍼 체임버 부착 및 AP 위에 설계한 히트 파이프 부착

- 메탄올의 기화열 : 0.0163W/mK
- 최대 온도 : 70.072℃ → 63.722℃로 약 7.35% 감소

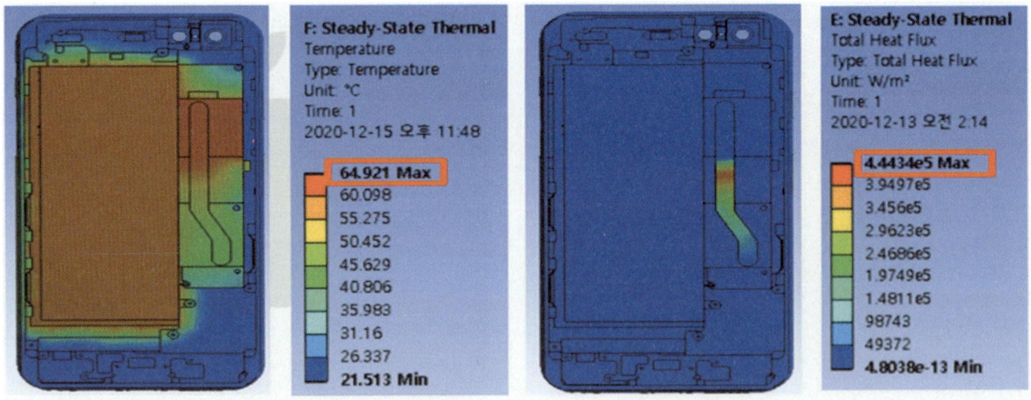

(a) 온도 (b) 총 열유속

그림 5.28 두 종류의 냉각장치 냉매로 메탄올을 적용했을 때의 해석 결과

3) 히트 파이프와 베이퍼 체임버의 열유동해석

① 냉매(암모니아)

그림 5.29와 같이 냉각장치인 히트 파이프와 베이퍼 체임버를 설계하여 배터리팩 하단(밑)과 메인 보드의 AP 윗면에 부착하여 고정한 후 두 종류의 냉각장치 냉매로 암모니아를 적용했을 때 열유동 해석을 한 결과는 그림 5.30과 같다.

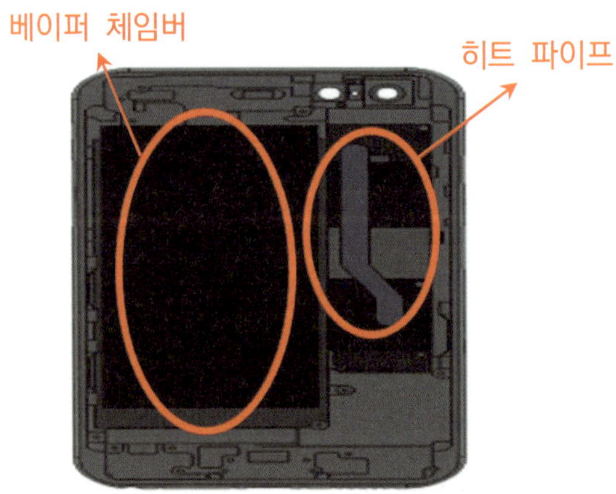

그림 5.29 배터리팩 밑에 설계한 베이퍼 체임버 부착 및 AP 위에 설계한 히트 파이프 부착

- 암모니아의 기화열 : 0.0247W/mK
- 최대 온도 : 70.072℃ → 63.722℃로 약 9.0% 감소

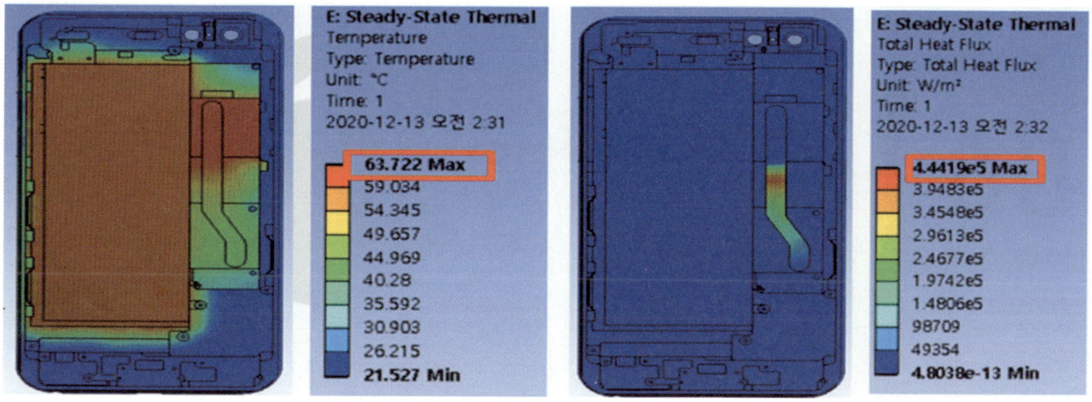

(a) 온도 (b) 총 열유속

그림 5.30 두 종류의 냉각장치 냉매로 암모니아를 적용했을 때의 해석 결과

4) 히트 파이프와 베이퍼 체임버의 열유동해석의 결과 비교

지금까지 두 종류의 냉각장치인 히트 파이프, 베이퍼 체임버를 각각 적용 그리고 히트 파이프와 베이퍼 체임버를 동시에 결합하여 적용한 열유동해석을 진행하였다. 또한 냉각장치의 냉매로 물, 메탄올, 암모니아를 적용했을 때의 열유동해석을 한 결과를 비교하면 표 5.2와 같다.

표 5.2 냉각장치와 냉매의 종류에 따른 온도 비교

냉각 방법		온도(℃)
초기값		70.072
방열패드		69.428
히트 파이프	물	66.41
	메탄올	69.526
	암모니아	68.487
베이퍼 체임버	물	61.616
	메탄올	67.318
	암모니아	66.987
히트 파이프 + 베이퍼 체임버	물	59.116
	메탄올	64.921
	암모니아	63.722

메인보드 AP 위에 설계한 히트 파이프를 부착하고 동시에 배터리팩 밑에 베이퍼 체임버를 설계하여 부착한 경우에 냉매로 냉각수인 물을 사용했을 때 가장 냉각효과가 좋다는 것을 알 수 있다.

CHAPTER 06

냉각장치 및 냉각시스템의 적용 - 디스플레이·조명·전기전자·전장 등

열을 발산하고 식혀 제품이나 시스템의 성능과 품질을 유지하고 오랫동안 사용하게 해주는 냉각장치는 여러 가지 형태와 방식으로 많은 산업분야에서 활용되고 있다. 여기서는 전통적으로 사용돼온 전구를 대신하는 LED TV를 비롯한 첨단 가전제품과 IT기기에서의 활용뿐만 아니라 LED 가로등 및 보안등을 비롯한 LED 디스플레이(display)의 냉각장치, SMPS(Switching Mode Power Supply, 스위칭 동작에 의한 전원공급장치), 배터리 전용 냉각장치, 발열 소자용 전자부품 등의 다양한 냉각방법과 냉각을 위해 적용하고 있는 냉각장치의 원리와 새로운 냉각장치에 대한 적용 기술과 개발 등에 대하여 설명하고자 한다.

01 냉각장치 및 냉각시스템 개발의 필요성(다양한 산업 분야에서 기술개발의 개요)

최근 전기자동차, 수소자동차를 비롯한 모빌리티(mobility, 이동수단), 첨단 전기전자 분야 등에서 사용되고 있는 전기전자기기는 경량화, 박형화, 소형화, 다기능화가 추구되고 있다. 이러한 전자소자가 고집적화될수록 많은 열이 발생하는데, 이러한 방출열은 소자의 기능을 저하시키고, 주변 소자의 오작동, PCB기판(Printed Circuit Board, 인쇄회로기판)의 열화 등의 원인이 되고 있다. 이로 인해 방출열을 제어하는 효과적인 새로운 기술개발에 대해 많은 관심과 연구가 이루어지고 있다.

특히 고(高)방열 회로기판 소재는 베이스(base) 금속기판의 열전도성을 이용할 수 있어 파워 디바이스(power device)나 LED 모듈 등 고(高)전력(high power)이 소모되고, 열이 많이 발생되는 부품의 제작에 유리하여 특히 연구와 기술개발에 대한 관심이 많아지고 있다.

LED(Light Emitting Diode, 발광다이오드)는 약 85%가 열손실로 전환되며 고온의 방출열로 인해 접합부의 온도가 계속 증가함으로써 LED 반도체의 수명 저하를 일으킨다. 또한 오작동이 일어나는 평균시간은 소자 작용 온도가 10℃ 상승할 때 수명은 2배 감소하는 것으로 알려져 있다.

이를 막기 위해서 고전력 LED의 경우 고(高)방열 소재에 대한 수요가 크게 증가하고 있다. 사진 6.1은 여러 가지 전기전자제품에 있어서 발열에 의한 화재 사고의 사례를 보여주고 있다.

사진 6.1 전기자동차 및 전기전자제품에서의 발열에 의한 화재 사고의 사례

전자회로에 사용되는 칩의 성능과 이에 따른 전력 소비가 급격히 증가함에 따라 종래의 열발산 방식(또는 냉각 방식)이나 공기 냉각(공기 흐름 등)을 사용하는 냉각법은 점차 처리능력의 부족으로 사용이 제한되었고, 이를 극복할 수 있는 적극적 냉각기술(활성화된 냉각기술)이 요구되는 단계에 접어들고 있다.

전자 게임기기와 각종 센서, 광학기기, 휴대용 전자제품이나 디바이스, 고성능 컴퓨터 등 첨단 전자제품 및 기기들이 새롭게 개발되어 시장에 출시되고, 어제의 장비가 구형화됨에 따라 고성능 전자부품에 대한 냉각기술이 어느 때보다 시급한 상황이다. 따라서 탁월한 성능을 갖춘 냉각기술의 개발과 발전은 어느 때보다 절실하며, 글로벌 기업이 총력을 기울이고 있는 반도체를 비롯한 칩 등이 사용되는 초소형 전자기기와 제품 등을 생산하는 전자산업분야에서 특히 열발산과 냉각기술개발이 절실히 요구되고 있는 상황이다.

사진 6.2는 전자기기와 제품의 사용 중(작동 중)에 발열로 인하여 냉각이 반드시 필요한 다양한 전자부품들의 예를 보여주고 있다.

사진 6.2 사용 중 발열로 인해 반드시 냉각이 필요한 전자부품들

(1) 냉각시스템(Cooling System)이 왜 필요한가?

앞에서 설명한 내용을 다시 정리하면 다음과 같다.

① 미국의 한 통계 자료에 의하면 전자기기의 고장은 55% 정도가 작동 중에 발생되는 발열에 의한 온도 상승에 의하여 발생한다.
② 발열 문제는 전자기기에 있어 어쩔 수 없이 발생하는 치명적인 문제이다.
③ 현재 우리가 일상에서 사용하고 있는 전자기기의 사용량이 계속 증가하고 있다.
④ 전자기기의 고성능, 집적화, 다기능화, 경박단소, 간편화, 장시간 사용 등으로 인한 열발생으로, 전자기기의 고장이 크게 증가하는 문제가 발생하고 있다.
⑤ 종전에 사용하고 있던 냉각시스템은 처리능력의 부족으로 인해 냉각효과가 제한되고 있다. 이를 해결하고 극복할 수 있는 새로운 냉각기술이 요구되는 상황이다.

(2) 냉각시스템이 필요한 산업분야는 어디인가?

새로운 냉각장치와 냉각시스템이 필요한 산업분야는 표 6.1과 같이 아주 광범위하다. 종래기술의 문제점과 여기서 언급하고자 하는 새로운 기술의 차별성을 보여주고 있다.

▶▶ 표 6.1 냉각시스템이 필요한 산업분야

<table>
<tr><th>필요시장</th><th>문제점</th><th>시장 공통 요구 사항</th><th>새로운 기술의 해결 방안</th></tr>
<tr><td>전기자동차
</td><td>– 모터 발열, 제동장치 발열
– 과부하 발열(전자기기/에어컨 등의 발열)
– 무게 줄이기
– 고속 충전, 방전 시 발열
– 10년 이상 신뢰성 확보
– 배터리 발열
– LED 헤드라이트 발열</td><td rowspan="5">– IP58(완전 방수, 방진)이 필수
– 경박단소에 따라 냉각시스템의 소형화/최적화가 필요함
– 추가 동력을 사용하지 않는 냉각시스템
– 발열에 의한 추가 동력(전력) 사용 최소화
– 가벼운 무게의 냉각시스템
– 좁은 공간에서도 사용되는 냉각시스템
– 신뢰성 10년 이상 사용에 문제 없는 냉각시스템
– 외부 충격에 폭파 위험이 없는 냉각시스템
– 제품화가 가능한 냉각시스템
– 대량 생산이 가능한 냉각시스템
– 다품종 소량 생산이 가능한 냉각시스템
– 디자인 적용이 자유로운 냉각시스템
– 발열을 제어하여 제품 효율(수명, 밝기, 저전력)을 상승시킬 수 있는 냉각시스템</td><td rowspan="5">– 방수, 방진 시 고정 온도 유지
– 무동력 냉각시스템
– 전자기기에 1:1 부착 냉각시스템
– 발열 최소화로 추가 동력 사용 최소화
– 판형(두께, 1T~5T) 냉각시스템
– 냉각시스템 원자재 SUS(스테인리스강) 사용
– 냉각시스템 기구화(예 : 케이스 자체가 냉각시스템)로 차별화 기술
– 설계 적용 후 대량 생산이 쉽다(브레이징, brazing 방식 적용).
– 다품종 소량생산이 가능하다(용접 방식 적용).
– 냉각시스템을 적용하고도 형상을 자유롭게 제작할 수 있어 다양한 디자인 구현이 쉽다.
– 발열 제어 시 효율 최소 15% 상승
– 효율이 상승하여 전력 사용량을 감소시킨다.</td></tr>
<tr><td>IT기기
</td><td>– IP58(완전 방수, 방진) 적용
– 제품 무게 줄이기
– 발열로 인한 디밍(꺼짐 현상)을 방지할 수 있는 냉각시스템 적용
– 소형/최적설계 적용이 어렵다(디자인 다양성 떨어짐).</td></tr>
<tr><td>연료전지
</td><td>– 냉각시스템의 소형화 불가
– 열화에 의한 내구성 및 신뢰성이 떨어진다.
– 충격에 취약하다(폭파위험).</td></tr>
<tr><td>노트북
</td><td>– 제품의 소형화로 인한 전자기기 발열
– 발열로 인한 제품 소형화의 어려움
– CPU, 배터리 발열로 인한 주변 전자기기 열화현상</td></tr>
<tr><td>컴퓨터
</td><td>– CPU 발열로 인한 제품 기능 하락
– 냉각시스템 추가로 인한 추가 전력 소모
– 전자기기 발열로 인한 소형화의 어려움</td></tr>
</table>

▶▶ 표 6.1 냉각시스템이 필요한 산업분야(계속)

필요시장	문제점	시장 공통 요구 사항	새로운 기술의 해결 방안
LED 모니터 	– LED 발열에 의한 광도(컬러 색상) 하락 – 발열에 의한 추가 전력 소모 – 발열에 의한 디밍(꺼짐) 현상 – LED BLU의 열화 고장 – 발열 제어에 필요한 시스템 추가		
인버터 	– 전자소자 발열로 인한 효율 하락 – 야외 설치로 인한 IP58(방수, 방진) 적용이 필요하나 발열로 인한 적용 범위 축소 – 무게 줄이기		
전자소자 	– 발열에 의한 제품 수명 단축 – 발열에 의한 제품 소형화 불가(제한된 설계) – 발열에 의한 제품 설계의 복잡함, 제품 효율 하락		

(3) 국내 방열제품의 사례

최근 LED(Light Emitting Diode, 발광다이오드)붐을 타고 특수 소재를 이용한 차별화된 제품이 많이 나타나고 있다.

LED TV(특히 OLED TV)를 시작으로 LED 조명 시장이 열리면서 발열 문제가 필수적인 핵심 해결과제로 떠오르고 있다. 특히 LED 모듈에서 발생하는 열을 적절하게 배출하지 못하면 LED 제품의 기능 저하에 따른 수명 단축이 발생할 수 있어 문제가 되고 있다. 따라서 LED 제품이 점차 고출력, 고휘도, COB(Chip On Board) 패턴으로 바뀌고 있으며 다양한 형태의 방열제품에 대한 필요성이 높아지고 있다.

이에 따라 LED 관련 제품 생산기업들은 발열 문제 해결을 위해 방열제품에 대한 성능 업그레이드(up-grade, 기술개선)에 많은 노력을 기울이고 있다.

다만, LED TV 및 조명 시장이 개화기여서 발열 문제에 대한 실질적인 연구개발과 제품에 대한 평가기준이 아직도 완전하지 못해 근본적인 대책이 요구되고 있는 실정이다.

방열제품에 대한 보다 안전한 수요가 요구됨에 따라서 일부에서는 당연히 성능과 내구성을 비롯한 품질 검증에 대한 문제도 제기되며 부각되고 있다. 특히 LED 방열제품은 BLU(Back Lighting Unit), 카메라 플래시 등 핸드셋(handset, 즉 휴대용) 제품, 노트북, 모니터, TV 등 중대형 LCD(Liquid Crystal Display) BLU, 전기자동차의 실내조명 및 전조등, 산업조명 등에 널리 사용되고 있다.

방열제품의 종류로는 기존 PCB(Printed Circuit Board)에 MCCL(Metal Copper Clad Laminate: 금속동박적판층, 메탈적층판)을 씌운 metal PCB, PCB에 부착되는 방열판인 히트 싱크(heat sink), 열이 나는 부품이나 제품에 부착하는 방열 시트(sheet)나 방열 그리스(grease), 히트 싱크에 발라 열을 방출하는 방열도료 등이 있다. 그중에서도 metal PCB와 히트 싱크, 방열 시트가 일반적으로 가장 널리 사용되고 있다.

LED TV와 같이 LED 방열제품 시장도 동반하여 크게 성장하고 있다. 방열기술은 LED 칩, 패키지, 모듈 등 LED 제품 전반의 효율 및 수명에 큰 영향을 미치기 때문에 최근 LED 제품 생산기업들의 가장 큰 관심사는 열을 빠르게 많이 배출해 광효율을 높이는 것이다. 특히 고출력 LED 사용이 확대되면서 방열 설계와 고(高)방열 소재 및 구조에 대한 관심이 더욱 높아지고 있다.

LED의 발열 문제를 해결해 장기적으로 신뢰성을 확보하는 것이야말로 제품의 신뢰성 확보, 내구성 확보, 품질 보증과 더불어 지속적인 성장을 위한 필수요소이기 때문이다.

LED TV나 조명이 소비자들의 선택을 받기 위해서는 비싸지만 오래 쓸 수 있다는 인식을 심어 주어야만 한다. 하지만 현재의 패키징 기술로는 발열 문제를 해결할 수 없어 반영구적인 수명을 유지하기 어려운 것이 현실이다.

새로운 방열기술을 탑재한 방열제품이야말로 LED 성장과 함께 새롭게 떠오르는 성장 동력이 될 것으로 전망되며, 이에 따라 LED 방열제품의 기술개발에 기업들이 열정을 쏟고 있다.

앞에서 설명했듯이 현재는 기존 PCB에 MCCL을 씌운 metal PCB, PCB에 부착되는 방열판인 히트 싱크, 열을 발생시키는 부품이나 제품에 부착하는 방열 시트 형식이 냉각 방식으로 가장 널리 사용되고 있다.

사진 6.3 ~ 6.5는 히트 싱크, metal PCB, 방열 시트(sheet)와 방열 그리스(grease)에 대한 사진이다.

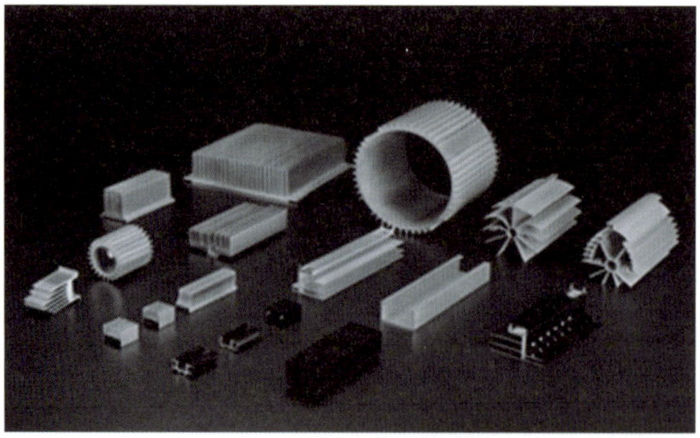

사진 6.3 히트 싱크

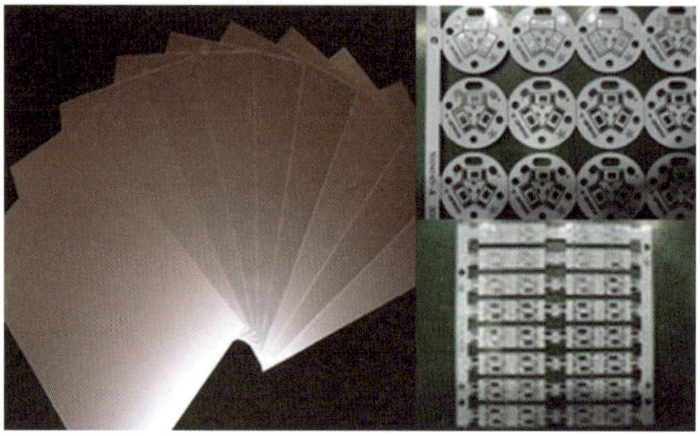

사진 6.4 메탈 인쇄회로기판(metal PCB)

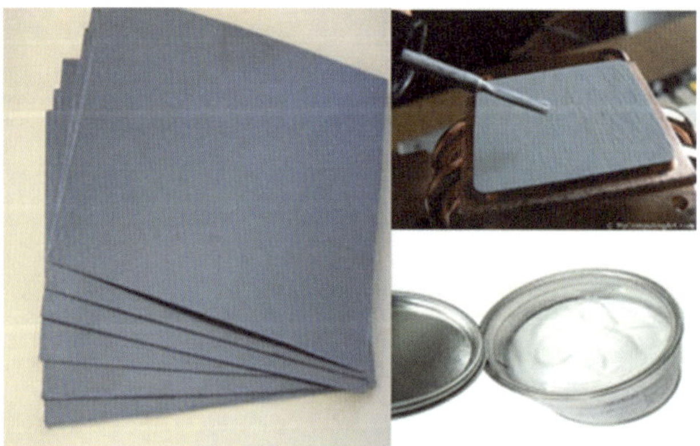

(a) 방열 시트 (b) 방열 그리스

사진 6.5 방열 시트(sheet)와 방열 그리스(grease, 기름)

02 냉각장치 및 냉각시스템의 시장성

(1) 종류별 현황

1) 방열기판

① 칩의 고성능화, 고출력화, 고집적화에 따라 방열 기판 수요가 늘고 있다. 특히 가전 분야에서 방열 수지기판, 전기자동차를 비롯한 모빌리티 분야와 산업분야용에서 세라믹계 기판 수요 증가가 크게 성장하고 있다.

② 질화알루미늄 베이스 회로기판은 중국의 철도와 산업기기, 차세대 자동차용 수요를 배경으로 시장이 대폭 확대되고 있다.

질화규소 베이스 회로기판도 2017년 이후 차세대 자동차 라인업 확충에 따라 수요 확대가 크게 기대되고 있다.

③ 방열 수지기판은 LED 조명과 TV용 LED 백라이트, 가전용 인버터에서 알루미늄 베이스 회로기판을 대체해 앞으로도 수요가 계속 늘어날 것이다.

2) 접착 밀봉재

① 높은 열전도에 대한 수요가 상승해 사용이 늘어 시장은 확대되고 있다.

② 파워 디바이스(power device)용 밀봉재는 열 대책이 필요한 IGBT(Insulated Gate Bipolar Transistor, 소수 캐리어의 주입으로 모스 전계 효과 트랜지스터보다 동작 저항을 작게 할 수 있는 3단자 양극성 모스 복합 반도체 소자이다. 고전압용 스위칭 소자로서 인버터, 컨버터, 전원공급장치와 같은 전력 전자 등에 주로 사용된다) 모듈이 호조를 보여 수요가 늘어나고 있다. 다이본드 페이스트는 LED 패키지 시장 확대로 인하여 고휘도 및 고출력 LED 패키지용 고가의 실리콘 페이스트와 공정 땜납의 수요 증가로 호조이다.

③ 방열 본딩 재료는 자동차의 전장화, 차세대 전기자동차 시장 확대에 따라 자동차용 전자기판용에서 많이 사용되고 있다.

3) 방열 시트

① 방열 시트는 그동안 주요 용도인 CPU, 각종 파워 모듈용 외에 자동차 분야와 산업분야에서 사용이

늘고 있다. 특히 자동차 분야에서는 LED 헤드램프와 ECU 주변기기, HV(Hybrid Vehicle, 하이브리드 자동차)와 EV(Electric Vehicle, 전기자동차) 등 차세대 자동차 탑재 배터리, 모터, 컨버터용으로 사용된다.

② 자동차의 전장화에 따라 앞으로도 수요 증가가 기대된다. 산업분야에서는 일본을 중심으로 태양광 발전용 파워 컨디셔너용 수요가 증가하고 있다. 또한 통신 기지국용과 클라우드 서비스의 진전에 따라 네트워크 시스템용도 호조이다.

③ 앞으로는 이들 자동차 분야(하이브리드자동차, 전기자동차 등)와 산업분야의 수요 증가로 매년 큰 폭으로 성장할 것이다.

4) 방열 수지기판

① 방열 수지기판은 TV용 LED 백라이트와 LED 조명용 수요가 중심이다. PWB(Printed Wire Board, 프린트 배선판) 기준으로 하여 시장 수요가 늘어날 것이다.

② 중국을 비롯한 아시아에서 시장 확대가 계속되는 인버터 탑재 가전용에 대해서도 알루미늄 베이스 회로기판을 대체하고 있어 추가 수요 증가가 기대된다.

③ 자동차 구동부용 파워 모듈에 질화알루미늄을 비롯한 고(高) 열전도율 필러(filler, 충전재)를 충전한 방열 수지기판 사용이 검토되고 있다. 사용될 경우 시장 규모와 부가가치면에서 동향이 주목되고 있다.

5) 흑연 시트

① 2012년 후반부터 급속히 보급된 스마트폰과 태블릿 단말기용 인공흑연 시트의 수요가 크게 증가하고 있다.

② 인공흑연 시트는 천연흑연 시트에 비해 2배 이상의 열전도율을 가지는 등 고성능 그라파이트(graphite) 시트로 앞으로도 시장을 견인할 것이다.

③ 한편 천연흑연 시트는 주요 용도인 LED TV와 노트북, 피처폰 수요 감소의 영향으로 앞으로 고전이 예상되고 있다.

④ 스마트폰, 태블릿 PC로 대표되는 모바일 단말기의 고기능화, 다기능화에 대응한 열 대책 요구는 앞으로도 계속될 것으로 보여 2018년 이후부터 성장하고 있다(후지경제 https://www.fuji-keizai.co.jp/market/14083.html).

(2) 발열 문제와 시장성

1) 자동차용 방열 소재

그림 6.1과 같이 한국과학기술정보연구원(KISTI)의 2013년 통계 자료에 의하면 전자소자의 고장은 55% 정도가 온도에 의하여, 19% 정도는 습도에 의하여 야기되는 것으로 나타났다. 발열 문제는 전자기기에 있어 치명적인 문제인데 현재 자동차 차체 내에 전자기기 사용량 증가, 전자소자의 고집적화, 자동차의 전력사용량 급증으로 인하여 열밀도가 급격히 증가하는 문제가 발생하고 있다.

전 세계적으로 자동차의 차체 전자화와 전동화 추세로 인하여 차체 내의 전자기기 수요 및 전력 사용량이 급속히 증대되고 있지만, 사용되는 전자부품은 가볍고 작으면서도 기능에 있어 더욱 신뢰성이 요구되고 있다.

이에 따라 사막부터 영하 수십 도(℃)의 극지에서도 운행되는 자동차의 특성상 이러한 방출열은 소자의 기능을 저하시킬 뿐만 아니라 주변 소자의 오작동, 기판 열화 등의 원인이 되고 있어, 방출열을 제어하는 기술에 대해 많은 관심과 연구가 이루어지고 있다. 또한 산업적으로 가장 보수적인 시장 중 하나인 자동차 부품소재 시장에서 많은 부가 시장의 창출이 이루어지고 있다.

자동차용 방열소재로 사용되기 위해서는 열전도도가 대략 1~30W/mK값을 가져야 한다. 방열소재로는 금속, 세라믹, 카본 등의 열전도성 필러(filler, 충전재)와 고분자로 이루어진 복합재료를 채택하여 사용하는 경우가 증가하고 있다.

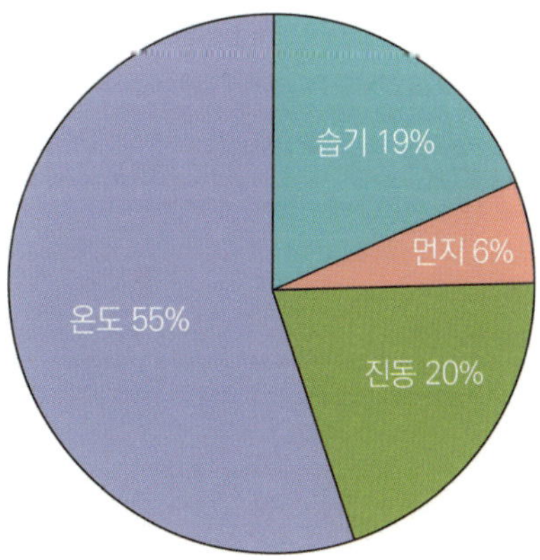

그림 6.1 전자소자에 있어 고장을 일으키는 원인
방열 소재 및 방열 접착 기술시장 동향 및 사업화 이슈분석, KISTI(2013)

2) 급속한 성장이 예상되는 국내외 시장

표 6.2와 같이 2014년 후지경제 자료에 따르면 세계 방열 부자재 시장은 2012년 51,800억 원에서 2018년 74,100억 원으로 연평균 성장률 6%씩 성장하여, 2012년 대비 43%의 시장 성장을 예측하고 있다. 시장의 주요 성장 품목으로 자동차용 LED 헤드램프와 ECU, HV와 EV 등의 차세대 자동차의 탑재 배터리, 모터, 컨버터용 방열 시트와 전자기기 및 전기자동차용 방열기판 등을 들고 있다.

자동차 방열 관련 소재부품 시장은 전체 방열 부자재 시장의 10%를 차지한다. 업계 전문가의 의견에 따르면 자동차 방열 관련 소재부품 시장 중 탄소 및 고분자 복합소재 시장은 향후 자동차 방열 관련 소재부품 시장의 최대 약 50%를 차지할 것으로 전망하고, 특히 자동차 관련 소재부품 시장은 국내가 세계 시장의 7%를 차지하므로, 이를 토대로 향후 시장 규모를 전망하면 표 6.2와 같다. 또한 자유로운 디자인, 금속 대체 경량화, 생산성 기반 원가 절감 니즈(needs)가 더욱 반영될 경우 자동차 방열용 시장 규모는 예상보다 더 커질 가능성이 높다고 전망된다.

표 6.2 자동차용 탄소/고분자 복합소재를 활용한 방열 소재부품 시장 규모

(단위 : 억 원)

구분	2015년	2016년	2017년	2018년	2019년	2020년	CAGR
세계시장	3,085	3,270	3,466	3,674	3,894	4,128	6%
국내시장	216	229	243	257	273	289	

출처 : WPM 기획자료 및 열제어/방열부재시장 현황과 신용도 전개, 후지경제(2014)

사진 6.6은 탄소복합소재를 이용한 여러 가지 다양한 방열 부품과 방열 부품이 응용되고 있는 활용 제품을 보여주는 예시이다.

자동차
엔진커버 등 열관련 플라스틱 사출품, LED 헤드램프 하우징(housing) 등 방열구조체

디스플레이, 가전, 반도체
Bottom chassis, 하우징, 프레임, SMPS 히트 싱크(heat sink) 등 방열구조체

LED
LED 램프 방열구조체, 하우징, 기판, TIM(Thermal Interface Material)

사진 6.6 탄소복합소재를 이용한 다양한 방열 응용부품 및 활용 제품

03 기술의 비교 분석(특징 및 장점)

(1) 종래기술

전자제품의 발열소자에 사용되는 냉각장치로는 사진 6.7과 같이 보통 metal PCB와 히트 싱크, 방열 시트가 가장 널리 사용되고 있다.

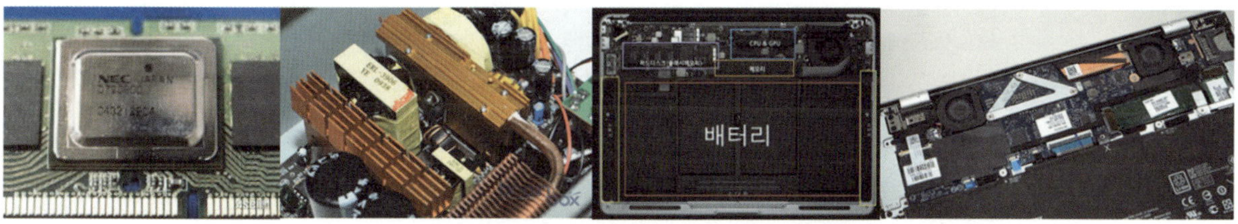

사진 6.7 일반적으로 널리 사용되는 냉각장치

하지만 현재 경량화, 박형화, 소형화, 다기능화된 전자기기와 제품이 가속화되어 출시되는 환경에서는 종래기술의 열발산 방식이나 냉각장치로는 발열을 해결하기가 쉽지 않다.

스마트폰, LED 조명, 노트북 등에 주로 쓰이는 방열 시트, 열전도성 접착제, 방열 젤 등 열전도 소재

(TIM, Thermal Interface Material)들은 열전도율, 밀착성, 내열성, 가공성, 난연성 등에서 뛰어나야만 기술 차별성과 성능을 갖춰 시장에서 경쟁력을 가질 것이다. 그러나 이런 종래기술의 냉각소재나 냉각장치들의 냉각 성능은 한계가 있다. 따라서 새로운 첨단 제품과 서비스 환경에 맞는 과학기술의 원리를 이용한 새로운 기술의 냉각장치와 냉각시스템이 필요한 것이다.

(2) 새로운 기술 – 평판형 냉각장치

두께가 얇은 판재(박판, thin plate)로 여러 가지 형태로 제작할 수가 있고, 냉각효과가 아주 우수하다. 또한 방수와 방진을 위해 완전히 밀폐되어 있는 전자기기와 제품 등에 활용성이 아주 크다.

여기서 소개하는 평판형 냉각장치는 과학기술의 원리를 활용하여 새로운 기술을 적용한 냉각장치이다. 판재를 이용하였기에 일명 PCS(Plate Cooling System, 판형 냉각시스템)라고 할 수가 있다. 냉각장치의 특징은 열전도율, 밀착성, 내열성, 가공성, 난연성 등을 비롯한 기밀성에 있어서도 뛰어난 냉각 성능을 가진 신기술 냉각시스템이다.

사진 6.8은 다양한 형태로 제작된 PCS 제품의 예이다.

사진 6.8 다양한 형태의 PCS 냉각장치

그림 6.2는 PCS(Plate Cooling System) 냉각장치가 작동하는 원리를 간략히 나타내는 개략도이다.

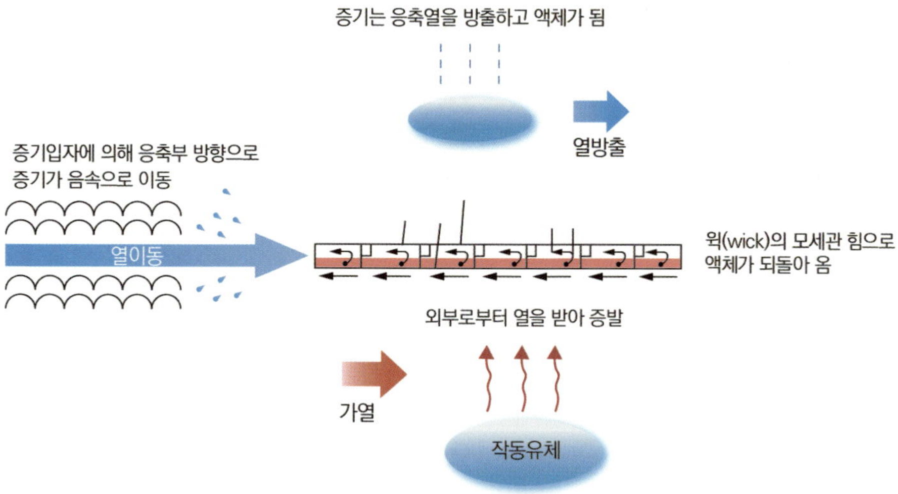

그림 6.2 PCS 작동 원리

그림 6.2에서 보여준 PCS 냉각장치가 작동하는 원리인 대류의 법칙을 자세히 설명하면 다음과 같다.

(3) 냉각시스템 작동 원리

1) 뉴턴의 대류의 법칙

대류(對流)는 열전달(熱傳達) 과정의 하나로 기체나 액체 따위의 유체가 열 때문에 상하로 뒤바뀌면서 움직이는 현상이다. 유체가 부분적으로 가열되면 그 부분이 팽창하면서 밀도가 작아지기 때문에 부력이 생겨 위로 올라가고, 대신 위에 있던 온도가 높고 밀도가 큰 부분이 내려오게 되는데, 이러한 과정을 되풀이함으로써 물질 자체의 운동에 의해 열량을 나르는 현상이다. 그 결과로 유체 전체가 고루 가열된다.

이런 대류 현상을 잘 활용하고 기술적으로 응용하여 효과적으로 열발산을 시켜 냉각효과를 얻는 것이다. 대류에는 크게 다음과 같이 두 가지 종류가 있다.

① **자연대류 :** 외부의 기구(펌프 혹은 팬) 없이 온도차에 의해 발생한 밀도차에 의해서 생기는 대류로 다음과 같은 자연 현상이 일어난다.

㉠ 맨틀의 대류

그림 6.3과 같이 아래쪽의 맨틀이 위쪽보다 더 뜨겁고 더 밀도가 낮다. 대류가 발생하여 맨틀이 움직인다.

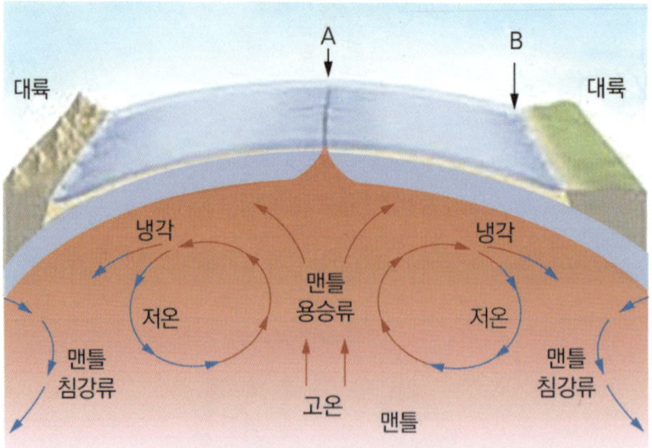

그림 6.3 맨틀의 대류 현상

ⓛ 바람(해풍과 육풍)

그림 6.4와 같이 바다와 육지의 비열 차이로 인해 대류가 생기며, 따뜻한 공기가 위로 올라가고 찬 공기가 아래로 내려오면서 해풍과 육풍이 발생한다. 육지의 비열이 낮아서 빨리 데워져서 따뜻한 공기가 상승하고, 바다의 차가운 공기가 육지 쪽으로 불어오면서 해풍이 발생한다. 반대로 밤에는 바다가 천천히 식어서 따뜻한 공기가 상승하고, 빨리 식은 육지의 찬 공기가 바다 쪽으로 불면서 육풍이 발생한다.

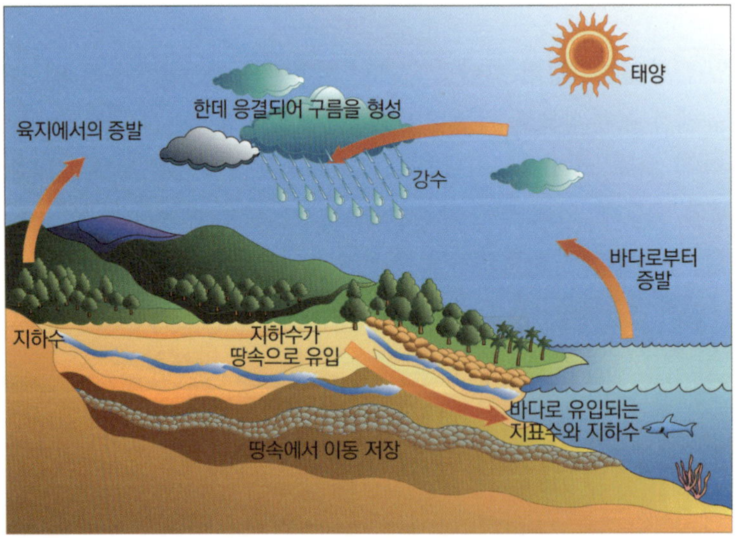

그림 6.4 자연의 대류 현상(자연대류에 의한 강수)

② 강제대류

강제대류란 외부 기구에 의해 발생하는 대류이다. 난방시스템, 에어컨 등 외부 기구에 의해 발생하는 모든 대류 형태이며, PCS(판형 냉각시스템) 냉각장치가 작동하는 원리가 바로 대류의 법칙을 적용한 강제대류에 해당되는 응용기술이다. 일반적으로 강제대류는 자연대류에 비해 훨씬 더 높은 열전달 계수를 나타낸다.

2) PCS 냉각시스템

PCS 냉각시스템은 뉴턴의 대류의 법칙을 적용한 판형 냉각시스템이다. 그림 6.4와 같이 태양의 열원으로 인해 지구의 물이 뜨거워져 수증기로 기화하고 구름이 형성된 후, 비가 되어 대륙에 내리고 다시 바다나 강으로 유입되는 현상을 계속 반복하는 것을 말한다.

단, 자연적으로는 너무 느린 이 현상을 PCS 냉각시스템에서는 빠르게 반복할 수 있도록 냉각시스템에 진공(眞空, vacuum)을 접목하였다. 진공상태에서는 주 냉각수인 물이 30℃의 온도에서도 수증기화되기 때문에 조그마한 열원에서도 냉각시스템이 작동하고, 진공상태에서는 분자의 이동 속도가 기하급수적으로 늘어나 빠른 열전도(16,000W/m·K)를 나타내며 많은 열량을 해소할 수 있게 되는 것이다.

04 냉각시스템 작동 원리(PCS: Plate Cooling System)

(1) 새로운 신기술 냉각시스템

냉각시스템은 열원(전자소자)에 부착되어 전기소자가 작동(동작) 시 열원이 열을 발생하면, 냉각시스템 안에 있는 물(냉각수)이 열에 반응하여 수증기로 되어(수증기화, 기화현상) 열량을 가지고 차가운 쪽으로 이동을 하게 된다. 이때 차가운 쪽으로 이동하며 열량을 전달하고 수증기화되었던 물은 다시 액화(액체화)되어 중력에 의해 밑바닥으로 떨어지게 된다. 바닥에 떨어진 물은 윅(wick, 메쉬를 갖는 철망 소재로 된 구조)에 안착되고 다시 열원이 있는 부분으로 이동하게 된다. 여기서 메쉬(mesh)를 갖는 철망 구조는 관통되어 있는 그물눈 형상을 갖고 둥글게 말려져 있어 표면적을 크게 형성하는 구조를 의미한다.

열원이 동력이 되어 열원이 사라지지 않는 동안에는 무한으로 반복하여 열을 식히는 냉각작동을 하게 된다. 그림 6.5는 새로운 신기술 냉각시스템인 PCS의 조립단면구조로 냉각이 되는 작동 원리를 보여준다.

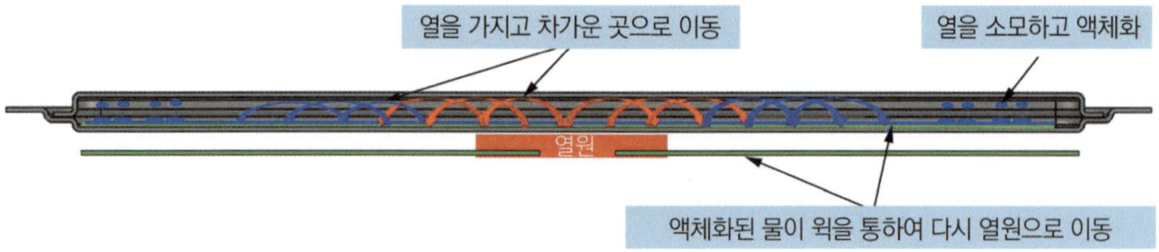

그림 6.5 새로운 신기술 냉각시스템 PCS의 조립단면구조

앞에서 설명한 종래기술인 기존의 냉각시스템의 단점과 새로운 신기술 냉각시스템(PCS)의 장점을 비교해 보면 다음과 같다.

1) 기존 냉각시스템의 단점

① 무겁다.
② 추가 동력이 필요한 제품이 많다.
③ 공간을 많이 차지한다.
④ 한정된 공간에서도 사용이 어렵다.
⑤ 형상 구현이 어렵다.
⑥ 다품종 소량생산이 가능하나 단가가 비싸다.
⑦ 대량생산이 가능하나 추가 공수가 필요하다(금형, 가공 등).
⑧ 야외에서는 신뢰성이 낮다(녹 발생, 방수·방진이 어려움).
⑨ 냉각장치의 케이스화(케이싱, casing)가 어렵다.

2) 새로운 신기술 냉각시스템(PCS)의 장점

① 가볍다.
② 추가 동력 사용이 필요 없다.
③ 판형(板形, plate type) 제품이다.
④ 박판(薄板, 얇은 판, thin plate) 형태의 구조이므로 한정된 공간에서도 사용이 가능하다(두께가 얇다).
⑤ 형상 구현이 자유롭다(U자형, 판형, 원형 등을 비롯한 제품 형태에 맞는 다양한 모양의 가공과 제작이 가능하다).
⑥ 다품종 소량생산이 가능하다(레이저 용접, 알곤 용접의 적용).

⑦ 대량생산이 가능하다(브레이징 적용, brazing이란 두 개의 재료를 비교적 용융점이 낮은 합금 사이에 놓고 가열하여 접합하는 것).
⑧ 야외에서도 신뢰성이 높다.
⑨ 냉각장치의 케이스화(케이싱, casing)가 용이하다.

05 제품기술의 비교(경쟁 제품과의 차별성 비교 분석)

기존에 널리 사용하고 있는 발열(방열)을 효과적으로 줄이는 냉각장치와의 기술 비교(이를 기술성이라 한다)를 표 6.3에 나타내었다. 서로 비교해보면 신기술 냉각시스템(PCS)에 있어 냉각기술의 차별성을 파악할 수가 있다.

▶▶ **표 6.3 종래기술과 PCS 냉각기술의 비교 분석(기술의 차별성)**

냉각기술 / 특성	히트 싱크	Metal PCB	방열 시트나 방열 그리스	Plate Cooling System
			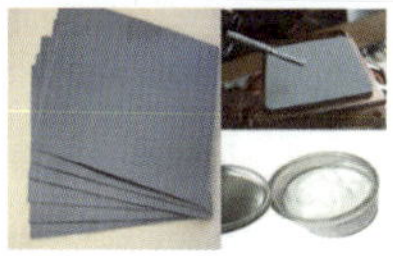	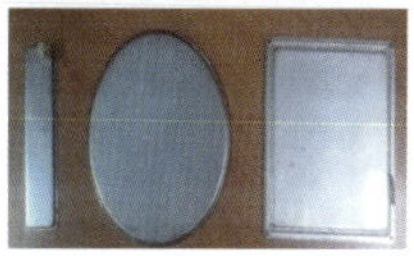
열전도율(W/m·K)	알루미늄 237(W/m·K)	2~4(W/m·K)	Graphene 5,000(W/m·K)	16,000(W/m·K)
			CNT 3,500(W/m·K)	
	구리 400(W/m·K)		Carbon Fiber 800(W/m·K)	
			Graphite 200(W/m·K)	
밀착성	별도 고정 방법 필요	별도 고정 방법 필요	밀착성 우수(1:1 접착 방식)	별도 고정 방법 필요
내열성	우수	보통	보통	우수
난연성	우수	보통	우수	우수
가요성	낮음	보통	보통	우수

06 PCS의 사용 분야 및 여러 제품에의 적용

(1) PCS(Plate Cooling System) 냉각시스템이 적용되는 제품군

신개념의 무동력 냉각장치 및 시스템 PCS는 자동차, 전기전자 분야 등에서 사용되고 있는 전자기기의 경량화, 박형화, 소형화, 다기능화에 적합하기 때문에 많은 분야에서 사용할 수 있는 신기술의 냉각시스템이다.

이는 공간이 부족한 제품이나 시스템에서 앞에서 설명한 최적의 형태와 구조로 실장이 가능할 뿐만 아니라 냉각효율이 아주 우수하기 때문이다. 특히 케이스(case) 또는 팩(pack) 등 밀폐 · 밀봉된 구조(이는 방수, 방진 또는 안전을 위해 케이스, 팩을 분해하지 못하게 한 구조 등 여러 용도이다)에서 냉각효과가 매우 좋기 때문이다.

사진 6.9는 PCS가 적용되는 사용 분야 및 제품의 종류를 보여주고 있다.

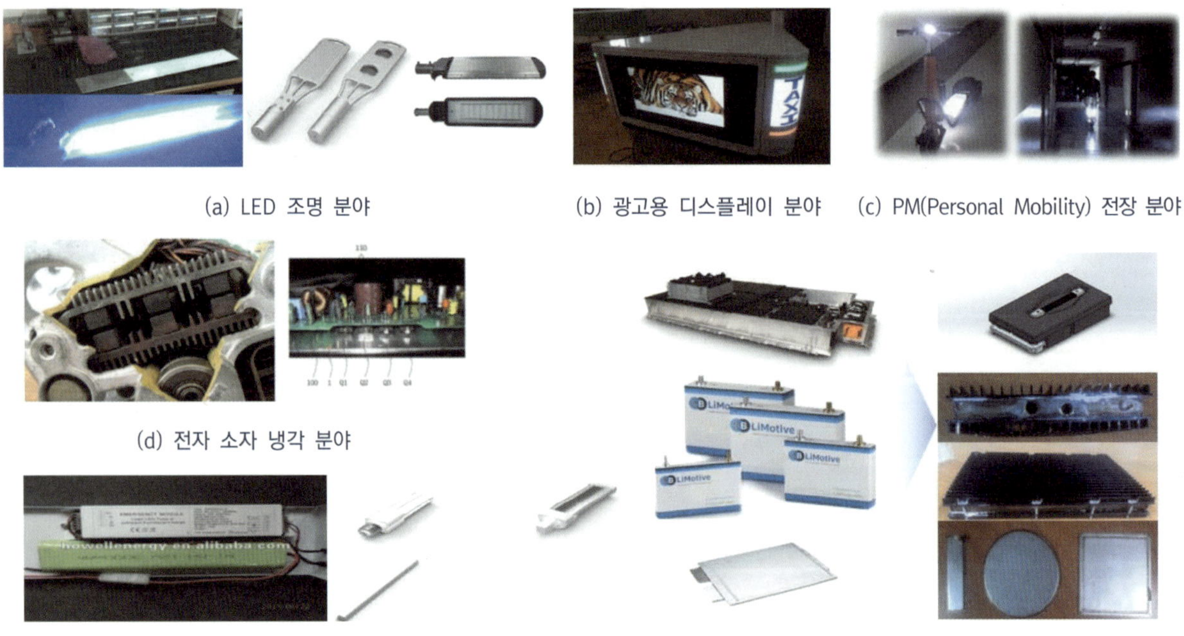

(a) LED 조명 분야

(b) 광고용 디스플레이 분야

(c) PM(Personal Mobility) 전장 분야

(d) 전자 소자 냉각 분야

(e) 배터리 백업 LED 조명 분야

(f) 배터리 냉각 분야

사진 6.9 PCS 냉각시스템이 적용되는 사용 분야 및 제품의 종류

(2) LED 조명기술(소자 분야)

1) COB(Chip On Board) LED 조명

사진 6.10은 COB LED 조명기술에 있어 핵심 소자가 되는 COB 소자와 COB 소자를 이용한 LED 조명에 PCS 일체형 냉각장치를 조립하여 탑재한 제품을 보여주고 있다.

COB는 반도체칩을 직접 인쇄회로기판(PCB) 위에 금선(금으로 된 도선), 즉 패턴(pattern)을 연결하고 성형하는 방식의 표면실장기술(SMT, Surface Mounting Technology)의 한 방법이다.

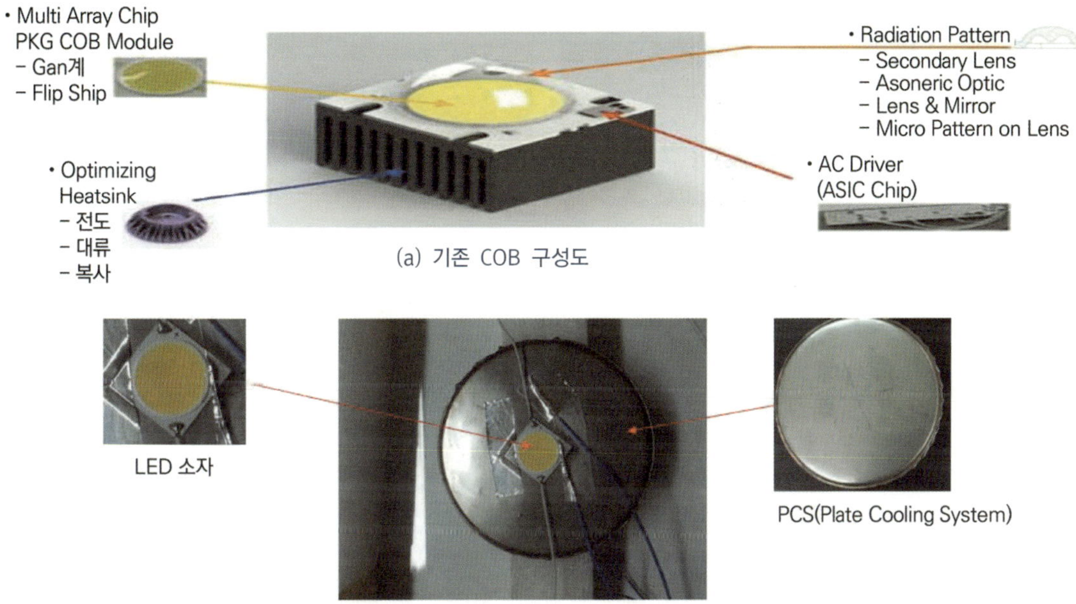

(a) 기존 COB 구성도

(b) PCS 일체형 LED 구성도

사진 6.10 COB LED 조명 소자 및 PCS 냉각시스템 기술의 적용

발열이 심한 LED 조명기술에 있어 COB 소자 및 LED 기구에 PCS 냉각장치가 결합되어 방열과 최적의 냉각효과를 내는 냉각시스템을 COP(Chip On Plate Cooling System, 즉 판형 냉각장치가 실장한 LED 소자)라고 할 수가 있다. 사진 6.11은 PCS 냉각시스템이 결합된(탑재하여 실장된) 다양한 LED 조명제품들이다.

(a) 30W COP 모듈

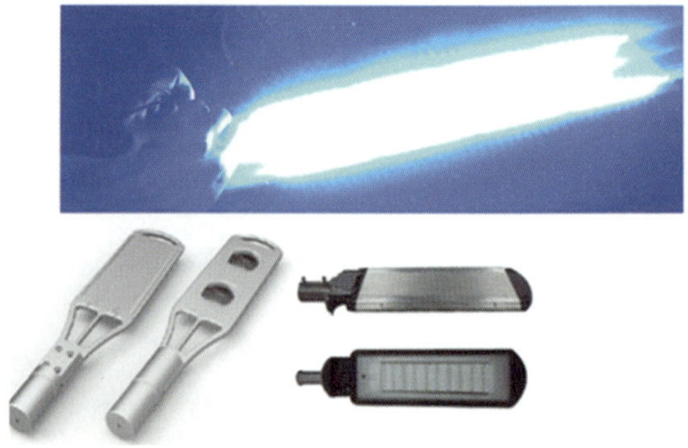

(b) COP 기술을 이용한 LED 가로등

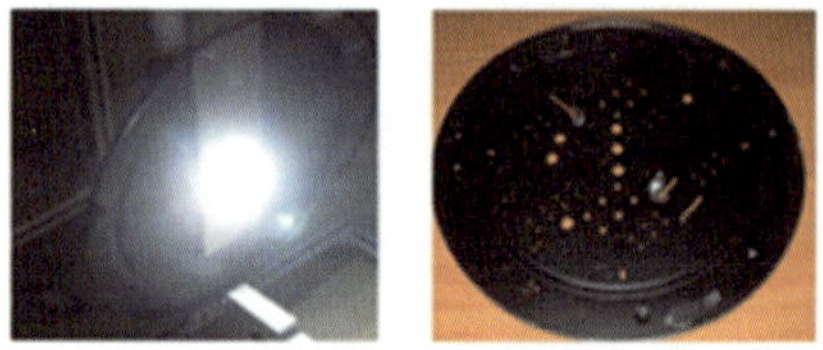

(c) COP 기술을 이용한 LED 실내 조명

사진 6.11 PCS 냉각시스템이 결합된 다양한 LED 조명제품들

2) COP(Chip On Plate Cooling System)의 특징 및 장점

① 기존 COB 제품보다 고효율의 제품을 제작할 수 있다.

② 기존 COB로 제작한 제품보다 제품 무게가 가볍다(기존 제품은 무게가 4~8kg이지만 COP 적용 제품은 2~4kg 정도이다).

③ 기존 히트 싱크(heat sink) 사용률을 줄여도 냉각 효율이 떨어지지 않으며 히트 싱크를 사용하지 않을 수 있다.

3) 조명 분야

그림 6.6은 여러 조명 제품 분야(6 분야)를 서로 비교하였으며, 그중에서 사진 6.12와 같이 건축 조명(실내, 실외 조명)과 상업 조명 그리고 선박에 사용되는 특수 조명 3가지 제품 분야를 예시로 보여주고 있다.

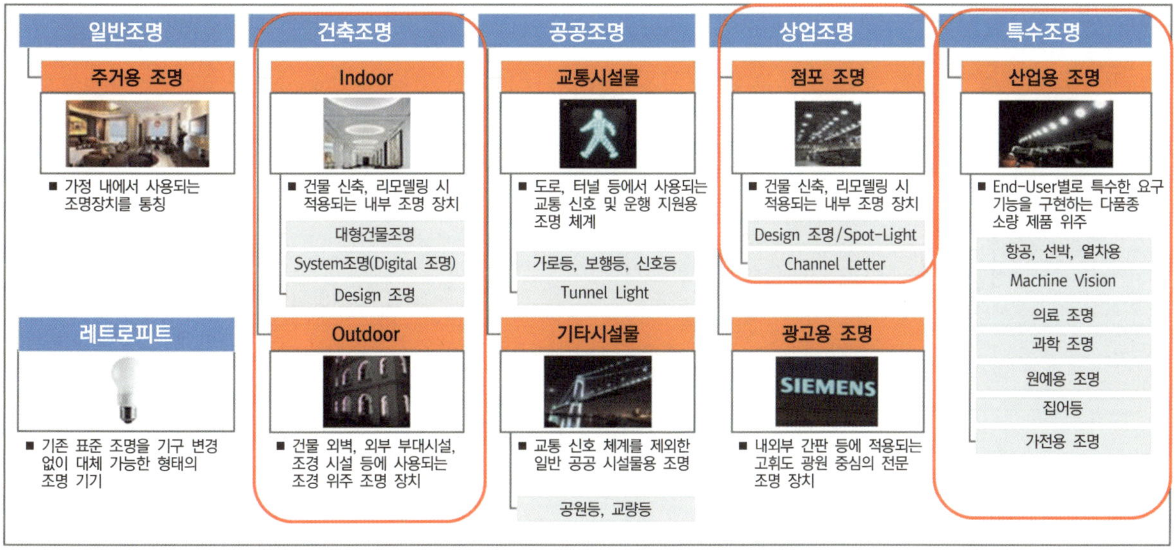

그림 6.6 여러 조명 제품 분야(6 분야)

사진 6.12는 건축 조명(실내, 실외 조명), 상업 조명, 선박용 특수 조명을 비롯한 다양한 조명제품 분야에서의 사용 예시를 보여준다.

(a) 실내, 실외 LED 조명 분야

(b) 선박용 특수 LED 조명 분야

(c) 상업용 LED 조명분야

사진 6.12 건축 조명(실내, 실외 조명), 상업 조명 및 특수 조명제품분야의 예시

4) 조명기술

그림 6.7은 조명기술에 있어 회로를 구성하는 블록 다이어그램(block diagram)으로 회로구성도이다. 회로구성 방법은 다음과 같다.

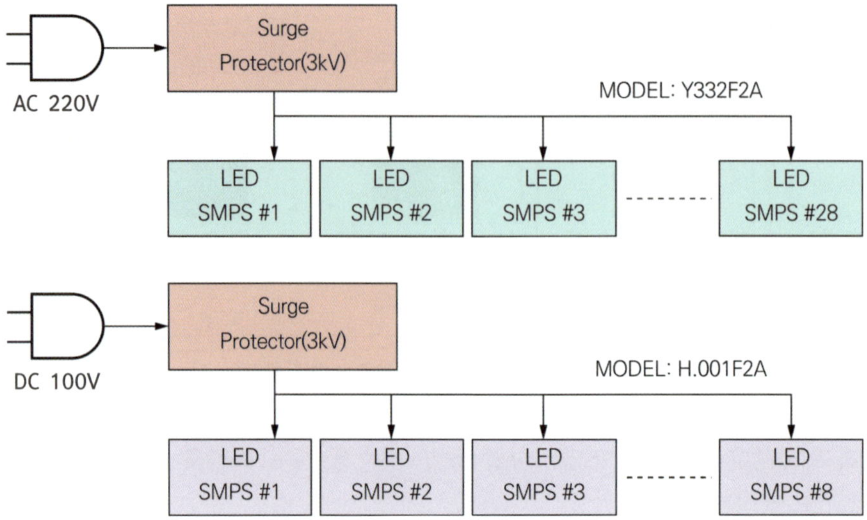

그림 6.7 회로구성도

그림 6.8은 조명기술에 있어 조립단면으로 배치된 주요 부품 및 장치들이다. 이는 기술구성에 있어 레이아웃(layout) 설계도이다.

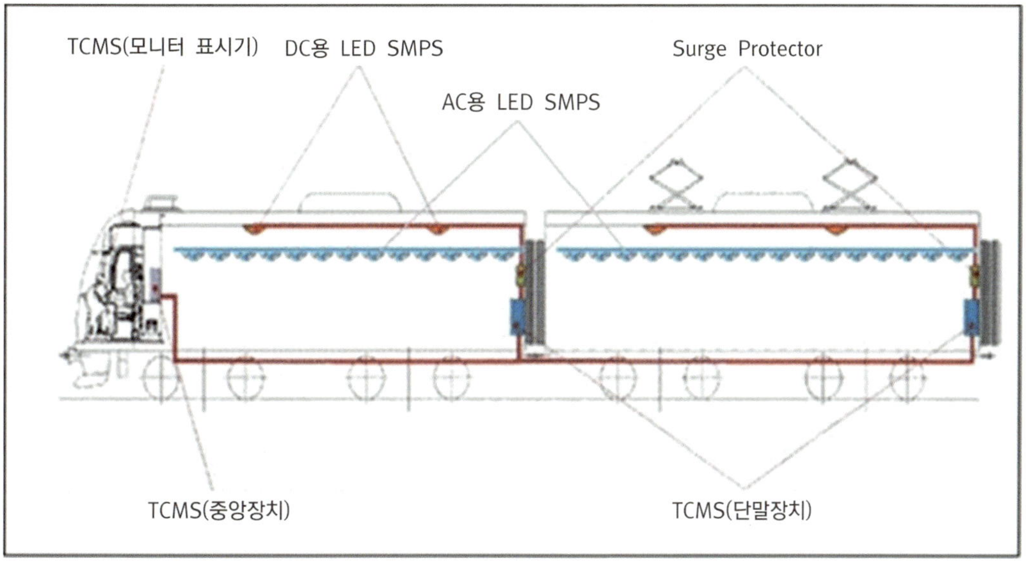

그림 6.8 조립단면으로 배치된 주요 부품 및 장치

입력(input) 및 출력(output), 정격(스펙, specification)은 다음과 같다.

① Input spec(CC 기준)

1. Input Voltage Range : AC100~277V, 50Hz/60Hz

1-1. Input Current : 135mA / AC220V

1-2. Power Facter : 0.9 이상

1-3. Power Efficiency : 85% 이상

1-4. Input Power Range : 13W

2. Input Voltage Range : DC90 ~ 150V

2-1. Input Current : 135mA / DC100V

2-2. Power Facter : 0.9 이상

2-3. Power Efficiency : 85% 이상

2-4. Input Power Range : 13W

3. Output Spec.

3-1. Output Voltage Range : DC33 ~ 39V(LED VF Range : 2.8 ~ 3.2V)

3-2. Output Current Range : 700mA ± 5mA, 400mA ± 5mA

07 냉각시스템 PCS의 신뢰성

가장 일반적으로 사용하고 있는 히트 파이프 냉각기술을 획기적으로 개선한 평판형 히트 파이프(plate type heat pipe)의 업그레이드된 기술인 PCS(Plate Cooling System) 냉각시스템을 개발하여 LED 냉각장치에 사용한 제품을 사진 6.13에서 보여주고 있다.

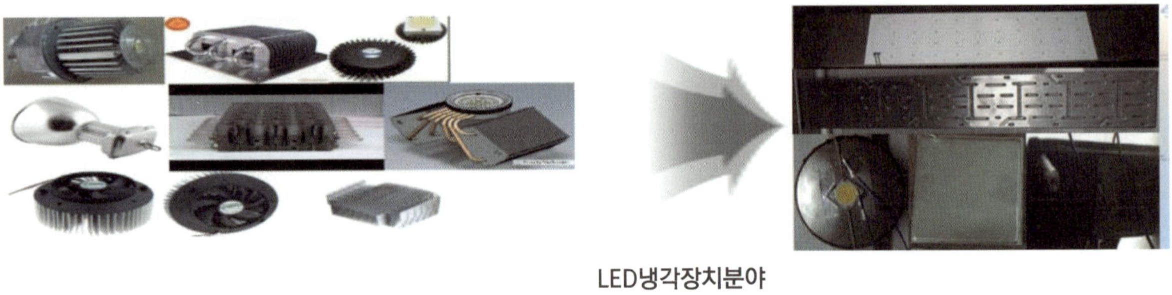

(a) 여러 가지의 LED 제품군 (b) PCS의 적용 실제 예시

사진 6.13 LED 제품의 PCS 냉각시스템의 적용

또한 PCS 냉각시스템은 LED 냉각장치를 비롯하여 열전소자가 들어가는 모든 분야의 전기전자장치 냉각에 적용할 수 있다. 따라서 전기전자제품의 주요 오동작 방지 및 성능과 품질의 향상 그리고 사용 수명에서 발생하는 문제점을 해결하는 데 있어 주요 해결요소가 되고 있다. 그만큼 제품과 시스템의 신뢰성이 향상되고, 내구성이 좋아져 내구수명도 오래간다.

사진 6.14는 PCS 냉각시스템이 적용되는 사회 안전을 위한 비상 조명 분야이다.

사진 6.14 PCS 냉각시스템이 적용되는 사회 안전을 위한 비상 조명 분야

(1) 히트 파이프(heat pipe)

히트 파이프(순간 초전도 열파이프)는 1962년 NASA(미국 항공우주국)에서 우주선 내부열을 방출하기 위해서 개발된 것으로서, 밀폐된 진공상태의 용기 내에 특정 열 전달매체인 작동유체가 내장되어 있어 밀폐용기 한쪽 끝면을 가열하면, 내장되어 있는 작동유체가 외부 열원(온수, 전기)에 의해 증발(흡열)과 응축(방열)을 반복하면서 별도 동력이나 부대장치 없이 열전달이 순간적(m당 약 3초: 백금보다 약 500배, 구리보다 약 1,300배, 일반 온수관보다 약 2,000배)으로 이루어지고, 열전도율도 무려 98.5%로 열수송이 이루어진다.

히트 파이프는 진공 밀폐용기로 되어 있어 1차로 흡열하면 진공 보온 원리(보온병, 보온 도시락통 등 참조)로 온도 유지시간이 길어 에너지(연료, 전기)를 약 50% 이상 줄일 수 있으며, 전기 · 전자기기, 스마트폰, 디바이스, 반도체 및 디스플레이 장비, 조명기기 등 제품 및 시스템 그리고 배터리, 태양광 패널 및 ESS(Energy Storage System, 에너지 저장시스템 : 태양광 · 풍력 발전으로 생산된 전기를 배터리에 저장했다가 일시적으로 전력이 부족할 때 쓸 수 있도록 하는 에너지 저장시스템을 말한다. 배터리식 ESS는 리튬이온과 황산화나트륨 등을 사용한다. ESS는 스마트 그리드의 핵심으로서 신재생에너지를 안정적으로 공급하기 위해 필수적인 미래 유망사업으로 꼽힌다), 전장 등의 모듈뿐만 아니라 안테나, 회로부품 및 소자를 비롯한 원자력 분야는 물론이고, 우주항공에까지 다양하고 폭넓게 응용되고 있다.

(2) 히트 파이프의 냉각원리

히트 파이프는 전도, 대류, 복사, 열전달을 통해 냉각 작동이 이루어진다. 그림 6.9는 히트 파이프가 작동하는 원리를 나타내고 있다.

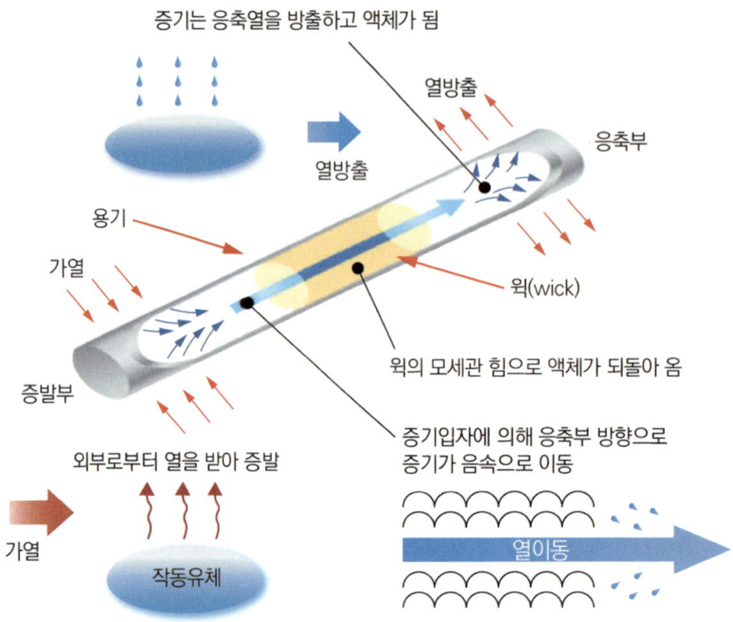

그림 6.9 히트 파이프의 냉각 작동 원리

(3) 새로운 냉각 기술 판형 히트 파이프(PCS)

판형 히트 파이프(plate type heat pipe) 또는 판형 냉각시스템(plate cooling system)은 기존 히트 파이프의 단점들을 보완하여 만들어진 새로운 냉각장치이다.

기존 히트 파이프의 단점은 제품 동작을 위한 최소 각도들이 설정되어 그 범위를 벗어나면 냉각의 효율 저하 및 냉각기능의 상실이 발생된다.

또한 히트 파이프는 파이프(pipe)란 의미대로 원형 또는 각형 형태의 단면 구조를 갖기에 열원의 접촉이 점접촉이 계속 연결된 선접촉으로 된 면으로 이루어지는 원형 또는 각형 면접촉으로, 표면적은 크지만, 방열 기능의 한계가 있다. 이는 일반적으로 히트 파이프의 단면 형상과 구조가 원형, 타원형 또는 각형, 장방형의 형태와 구조를 가지고 있기에 냉각 작동을 더욱 효율적으로 하기 위해서는 상대적으로 표면적 크기(사이즈, size)도 커져야 하므로, 그 크기로 인하여 공간 확보가 쉽지 않다. 또한 냉각 효율을 좋게 하기 위해 크게 만들기도 하므로 제품과 시스템의 구조상 어렵다.

히트 파이프의 용량과 크기가 커지거나 다수의 히트 파이프를 사용하게 되는 단점들이 생긴다. 따라서 이런 문제점을 보완하기 위해 판형 냉각시스템 또는 판형 히트 파이프는 기존 히트 파이프의 단점으로 지적되는 부분들을 보완하고 개량하여 만들어낸 신기술 냉각시스템인 것이다.

(4) 판형 히트 파이프의 원리

PCS 역시 종래의 히트 파이프와 동일한 전도, 대류, 복사, 열전달을 통해 냉각 작동이 이루어진다. 하지만 그림 6.10과 같이 하단부 전체가 열원을 받아들일 수 있으며, 상부를 통하여 발열하여 빠르게 열원을 식혀줄 수 있는 장점과 360° 전체 각도에서도 동일한 냉각 동작을 하는 것이 기존 히트 파이프와 다른 특징과 차별성으로 더욱 효과적인 냉각효과의 장점을 발휘하는 것이다.

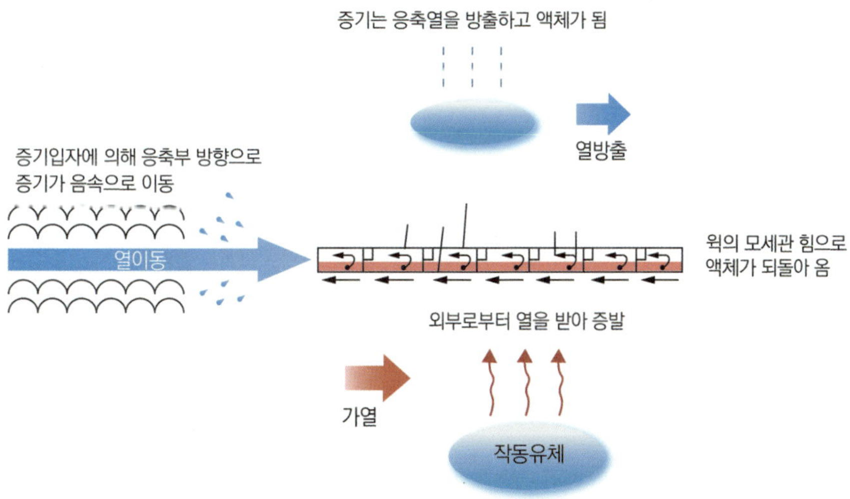

그림 6.10 새로운 기술의 판형 히트 파이프(PCS, 판형 냉각시스템)의 작동 원리

사진 6.15는 판형 냉각시스템(PCS)의 냉각효과(시간에 따른 온도 변화)를 모니터로 측정한 사진이다.

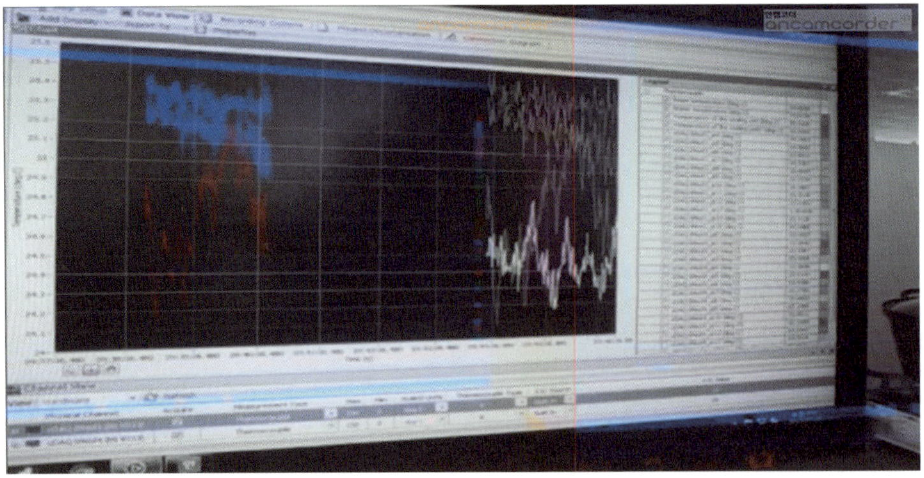

사진 6.15 판형 냉각시스템(PCS)의 냉각효과(시간에 따른 온도 변화) 측정

사진 6.16은 세계적 신뢰성평가기관인 미국 크리(CREE) 사(社)에서 일반 냉각장치인 히트 싱크와 신기술인 PCS(평판 · 판형 히트 파이프 또는 평판 · 판형 쿨링시스템, Plate Cooling System)와의 냉각 온도 측정치와 온도의 분포를 열화상 카메라로 찍어 측정하여 보여주는 비교 데이터이다. 사진 6.16(a)와 같이 동일 환경에서 동일한 제품으로 냉각성능을 비교해 보니 PCS는 최대 온도가 48.5℃이고, 사진 6.16(b)의 일반 냉각장치인 히트 싱크는 87.2℃를 보여주고 있다. 냉각효과의 차이가 무려 38.7℃이다. 무려 44.38%의 냉각개선 효과, 즉 냉각 효율이 증가하였다.

열화상 카메라 비교 DATA

자료 출처: CREE사 신뢰성 분석 DATA 발췌

(a) PCS 냉각장치 제품의 측정 온도 (b) 일반 냉각장치(히트 파이프) 제품의 측정 온도

사진 6.16 열화상 카메라로 측정한 냉각장치에 따른 제품의 온도 비교 자료

즉, 세계적인 신뢰성 평가 및 인증기관인 미국 크리(CREE) 사(社)에서 발급된 공인성적서 자료(데이터)에 의하면 PCS 냉각장치를 활용하고 최적설계로 제품 및 시스템에 적용하면 LED 소자의 온도와 외부 케이스의 온도 편차를 줄여 주어 LED 소자의 수명 및 밝기를 늘려준다는 사실을 확인할 수 있다.

그림 6.11은 LED TJ 온도 비교 데이터(data)이다.

LED TJ 온도 비교 DATA

Tsp = 59° C
Tj = Tsp + (LED power *5° C/W)
Tj = 59 + 1.4*5
Tj = 66° C

TJ= TSP + (LED power * LED thermal resistance)
TJ = 78 ° C + (2 W * 5 ° C/W)
TJ = 88 ° C

그림 6.11 LED TJ 온도 비교 데이터

위의 온도 데이터를 비교해 보면 PCS 냉각장치를 적용하여 LED 소자가 받는 온도가 기존 냉각장치(히트 싱크)를 이용한 제품과의 온도 편차가 22℃가 난다.

신뢰성 시험(reliability test) 결과 LED 소자가 실내 온도 25℃ 기준에서 55℃를 유지할 경우에도 제품수명은 TM24 기준으로 약 461,000시간을 유지하는 반면, 일반 히트 싱크 제품의 수명은 실내 온도 25℃ 기준에서 TM24 기준으로 약 386,000시간이며, 실내 온도 55℃ 기준에서는 약 107,000시간이고, 실내 온도 85℃기준에서는 약 58,400시간의 수명을 유지하는 것으로 나타났다. 사진 6.17은 미국 크리(CREE) 사(社)의 온도와 사용 수명에 대한 신뢰성 측정 데이터이다.

IESNA TM-21-11, "Projecting Long Term Lumen Maintenance of LED Light Sources" is a newly developed Technical Memorandum which provides recommendations for projecting long term lumen maintenance of LEDs using data obtained when testing the LEDs per IESNA LM-80-08, "IES Approved Method for Measuring Lumen Maintenance of LED Light Sources." The TM-21 standard provides an industry-wide, standard and conservative method on which to base lumen maintenance of LEDs. Using TM-21, a projected "L70" value can be no greater than six times the actual test duration of the LM-80 data sets. The TM-21 projections represent the anticipated lumen maintenance of the LEDs and does not account for reliability of all of the other components of the luminaire or of the luminaire as a system. Cree currently has published 6048 hours of LM-80 on the XLamp XT-E White where If = 1000mA and Tsp = 55° C, 85° C, & 105° C. When using the TM-21 method to determine lumen maintenance of the XT-E based on a measured Tsp of 59° C, the reported L70 is 36,300 hours. This projection is limited by the 6X rule as defined in TM-21. This method also allows lumen maintenance for other L-values to be calculated. In this case, at 28,100 hours the calculated lumen maintenance will be 97 percent.

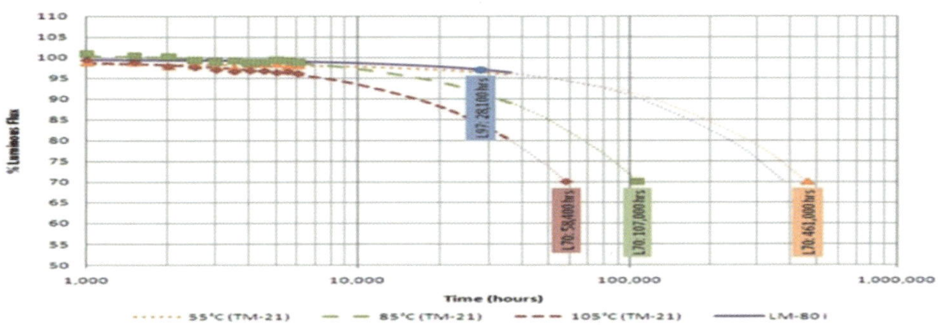

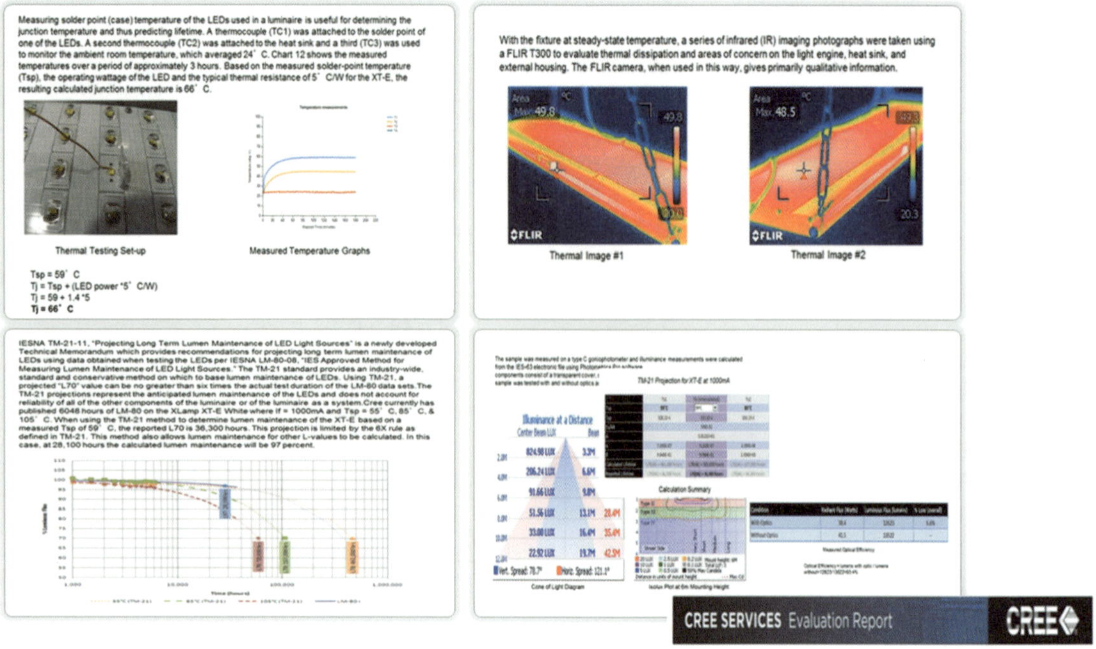

사진 6.17 미국 크리(CREE) 사(社)의 온도와 사용 수명에 대한 신뢰성 측정 데이터

기존에 널리 사용하고 있는 여러 가지 냉각장치와 신기술 냉각장치인 PCS 기술의 비교를 표 6.4에 나타내었다. 장점, 단점과 예상 수명 그리고 가격을 비교해보면 PCS 냉각기술의 장점과 차별성을 파악할 수가 있다.

▶▶ 표 6.4 종래기술과 PCS 냉각기술의 비교 분석(차이점과 차별성)

냉각기술 \ 항목	Heat sink	Cooling fan	Heat pipe	CTP

장점	– 제조 방법의 다양성 – 자연 냉각 방식 – 쉬운 제품 제조	– 뛰어난 냉각 효율 – 강제 냉각 방식	– 우수한 열전도성 – 자연 냉각 방식	– 열전도성이 우수 – 자연 냉각 방식 – 다양한 제조 방법 – 뛰어난 냉각 효율
단점	– 무거운 무게 – 디자인을 적용하기 어려움 – 초기 많은 투자	– 응용 프로그램의 한계 – 전력의 추가 사용 – 짧은 수명 – 소음	– 초기 높은 투자 비용 – 디자인을 적용하기 어려움 – 대량 생산의 어려움	– 초기 높은 투자 비용 – 비사용화 기술
수명	Over 10years	2years	Over 10years	Over 10years
가격(30W 기준)	8,000원 (추가 비용 별도)	12,000원 (추가 비용 별도)	20,000원 (추가 비용 별도)	6,000원 (추가 비용 별도)
적용 분야	실내/실외	실외	실외	실내/실외

CHAPTER 07

LED 디스플레이, 모니터 분야의 냉각시스템 적용

01 디지털 사이니지(Digital Signage)에 적용된 PCS 냉각시스템

이 장에서는 디스플레이(display)와 모니터 제품에 필요한 냉각시스템의 중요성을 기술하고자 한다.

디지털 사이니지(digital signage)를 옥외형과 실내형으로 구분짓는 큰 요인은 휘도와 제품의 하우징(housing, 덮개)이다. 강한 태양빛이 내리쬐는 옥외에서는 디스플레이 화면이 일정 수준의 밝기를 유지하지 못하면 시인성(visibility, 視認性, 모양이나 색이 눈에 쉽게 띄는 성질)이 떨어진다. 따라서 실내형 제품이 250~500cd/m^2 수준의 휘도를 가진다면 옥외용은 최소 1,000칸델라(cd/m^2) 이상의 휘도가 보장되어야 태양빛 아래서 뚜렷한 화면을 볼 수 있다는 게 전문가들의 의견이다.

이런 고휘도의 LCD 패널이 적용될 경우 기계적 특성상 제품의 발열도 그만큼 상승하게 되는데, 이 발열을 효과적으로 제어하지 못하면 시스템이 다운되거나 하드웨어의 고장이 발생하게 된다. 또한 옥외에서는 제품 자체의 발열 외에도 직사광선으로 인한 복사열에도 대비해야 한다. 하지만 디스플레이의 휘도가 높아지면 기계적 특성상 이에 비례해서 제품 내의 온도도 급격히 상승한다. 여기에다 한낮의 직사광선을 받아 발생하는 복사열까지 고려할 때 제품의 발열을 신속히 해결하지 못하면 전자제품이나 기기의 특성상 안정성에 치명적인 문제가 나타날 수 있다. 따라서 이런 발열처리는 옥외형 디지털 사이니지에서 핵심적인 부분이다. 실내용 디지털 사이니지는 일반적으로 최대 120mm 사이즈의 팬 1개만으로 발열에 대응할 수 있지만, 옥외용 제품의 경우에는 멀티팬 또는 대형팬을 장착하거나, 에어 컨디셔너를 활용한 쿨링시스템이 적용된다. 에어 컨디셔너를 내장하는 경우 쉽게 온도를 낮출 수 있어 제품 안정성에 유리하다. 하지만 제품 가격을 높이는 주 요인이 되는데다 전력 소모도 크다. 아울러 제품의 크기가 커지게 돼 디자인적으로 마이너스 요인이 되기도 한다. 이런 문제로 인해 쿨링팬(cooling fan) 냉각 방식이 사용되기도 하는데, 선풍기와 같은 팬이 돌아가면서 기기 내의 열을 대류시켜 온도를 제어하는 방식이다. 쿨링팬의 경우 가격이 저렴하고 제품 디자인에도 유리하다. 하지만 기후 여건에 따라서는 필히 에어컨 방식이 사용돼야 하는 경우도 있다.

(1) 디지털 사이니지(digital signage)

디지털 사이니지(digital signage)란 원격 제어가 가능한 디지털 디스플레이를 활용하여 공공장소나 상업 공간에 설치하는 정보 제공 디지털 미디어를 말한다. 즉, 네트워크 기술과 디지털 디스플레이 기술이 융합된 것이라 할 수 있다.

디지털 사이니지는 우리 생활 가까이에 있다. 도시의 지하철 역사나 버스 정류장, 아파트 승강기 등 유동 인구가 많은 곳에서 흔히 볼 수 있는 디지털 광고판이 그 예이다.

사진 7.1은 디지털 사이니지의 대표적인 옥외용 디지털 광고판이다.

사진 7.1 옥외용 디지털 사이니지(digital signage)-디지털 광고판

(2) 내구성-디자인을 고려한 하우징(housing) 개발의 중요성

옥외용 제품은 휘도 등 기본적인 성능 외에도 다양한 환경에서 안정적인 가동을 뒷받침할 수 있는 하우징(housing)도 중요한 부분이다.

4계절이 뚜렷한 국내 기후에서는 방열뿐 아니라 방한도 중요한 부분이다. 겨울철 급격히 기온이 낮아지면 제품이 고장날 수도 있기 때문이다. 이에 일부 제품에서는 에어컨 겸용의 히터를 내장시키기도 한다. 또한 분진을 막기 위한 필터 설계, 수분의 침투를 막기 위한 방수 설계 등이 제품의 고장을 미연에 방지할 수 있는 제품 개발이 중요한 요소이다. 현재도 대부분의 옥외형 제품은 필수적으로 IP56 이상의 방진 · 방수 · 방습 기능을 확보하고 있는 상황이다.

아울러 이런 기능들을 탑재하면서도 각각의 공간에 맞는 커스터마이징(customizing, 주문형 또는 맞춤형) 디자인이 반영되어야 하는 것도 과제이다. 앞으로 옥외형 디지털 사이니지는 일종의 스트리트 퍼니처(street furniture, 보도에 설치된 여러 가지 시설물을 여러 사람이 함께 사용하는 하나의 가구로 보는 개념)로서의 입지를 가지게 될 것으로 예상된다. 따라서 설치 공간에 최적화된 하우징 디자인(housing design)이 경쟁력이 될 소지가 크다.

이에 따라 옥외형 시장은 대기업보다 중소기업 간의 경쟁이 가열될 것으로 전문가들은 예상하고 있다. 소품종 대량 개발에 있어서는 대기업보다 중소기업의 역량이 빛을 발할 수 있는 부분이기 때문이다.

사진 7.2는 디지털 사이니지가 옥외용으로 이용되고 있는 다양한 형태의 디지털 광고판들이다.

사진 7.2 디지털 사이니지의 대표적인 옥외용의 다양한 형태와 용도를 갖는 디지털 광고판

(3) 디지털 사이니지에 적용된 PCS 냉각시스템

디지털 사이니지의 대표적인 옥외 디지털 광고판용 디스플레이(display, 화면)에 PCS 냉각장치(plate cooling system, 판형 냉각시스템)를 조립하여 냉각효과에 대한 시험을 진행하였다. 우선 LED 디스플레이에 대해서 간략하게 설명하면 다음과 같다.

1) LED 디스플레이

디스플레이의 화질을 구성하는 요소들은 다음과 같이 다양하다.

① 화면이 얼마나 밝은지 : 휘도(luminance)
② 얼마나 정확한 색상을 표현하는지 : 색재현율(color reproduction range)
③ 어둡고 밝은 화면을 정확히 표현할 수 있는지 : 명암비(contrast ratio)
④ 잔상 없이 빠른 영상을 보여줄 수 있는지 : 응답시간(response time)
⑤ 여러 각도에서도 동일한 색상을 보여주는지 : 시야각(viewing angle)
⑥ 얼마나 많은 화소들로 세밀한 화면을 표현하는지 : 해상도(resolution)

등의 개념들이 모두 화면의 질, 즉 화질을 구성하고 측정하는 요소들이다.

표 7.1은 LCD, LED, OLED 등의 발광소자를 이용하는 TV, 모니터를 포함한 디스플레이 제품에 있어 휘도의 비교를 보여준다.

▶ 표 7.1 여러 디스플레이 제품에 있어서의 휘도 비교

구분	휘도(단위 : nit)
LCD TV	300~500
LCD 모니터	200~400
LED TV	500~700
LED 모니터	400~600
OLED TV	600~800
OLED 모니터	500~700

휘도(luminance)란 특정 방향에 대한 광밀도, 즉 일정 면적을 통과하여 일정 입체각으로 들어오는 빛의

양으로, 단위는 면적당 칸델라(Cd/m^2) 또는 니트(nit)로 표시한다.

그림 7.1은 디렉트 타입(direct-type) LED BLU(Back Light Unit)와 에지 타입(edge-type) LED BLU의 구조를 비교한 개념도이다.

BLU(Back Light Unit, 배면 발광장치)란 액정 디스플레이(LCD, Liquid Crystal Display)는 자체로 빛을 내지 못하기 때문에 LCD 뒤쪽에 빛을 비춰야만 LCD에 나타난 화면을 볼 수 있다. 이때 LCD 뒤쪽에 고정시키는 광원을 백라이트라고 한다. 이렇게 백라이트 광원을 비롯한 PCB 기판, 확산판(시트), 케이스 등을 조립한 모듈 또는 조립품을 백라이트 유닛(배면 발광장치 또는 후면 발광장치)이라고 한다.

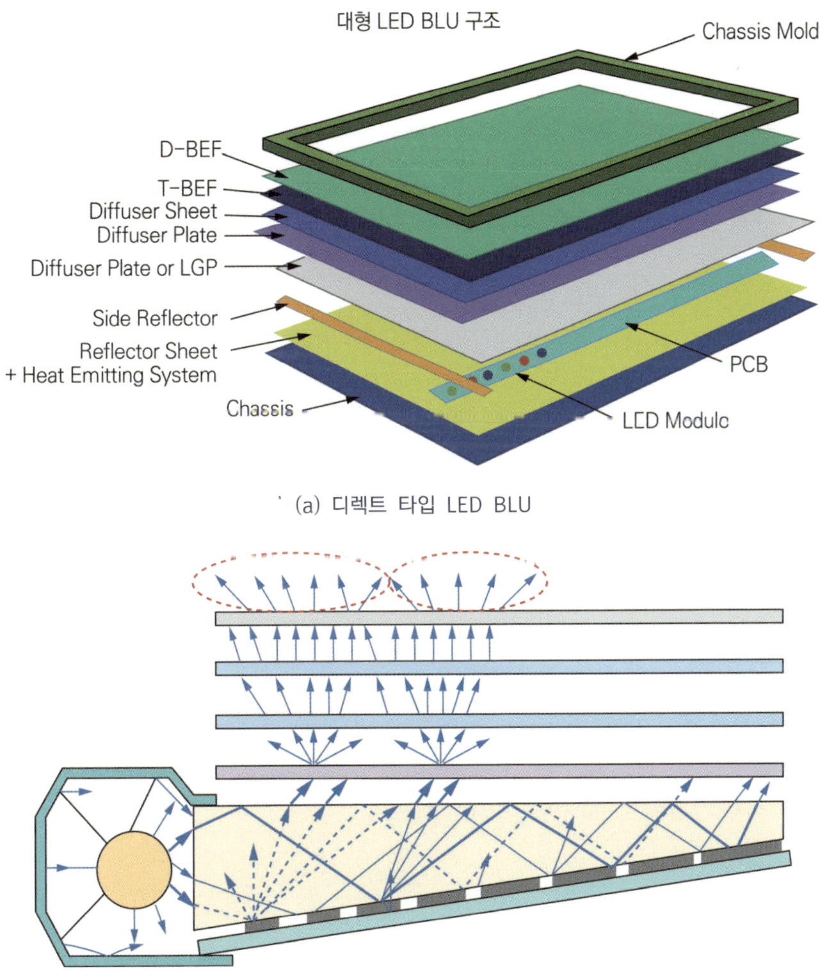

(a) 디렉트 타입 LED BLU

(b) 에지 타입 LED BLU

그림 7.1 디렉트 타입(direct-type)과 에지 타입(edge-type) LED BLU의 구조

표 7.2는 LED BLU를 구성하는 구성요소와 각 구성요소가 수행하는 역할과 기능을 정리한 것이다.

▶▶ 표 7.2 LED BLU의 구성요소와 역할(기능)

구성	역할 및 기능
확산판 (도광판)	– 투명한 아크릴 패널을 이용해 광원 모듈로부터 발산되는 빛(LED)을 받아들이고, 이 아크릴 표면에 증착된 일정 면적과 모양을 가진 패턴으로 화면 전 영역에 걸쳐 빛을 균일하게 분포시켜 주는 역할 – 직하형의 경우 확산판이 사용되며, 에지형 LED BLU의 경우 도광판이 빛을 균일하게 분포시키는 역할을 한다.
반사 시트	– 도광판 아랫면으로 빠져나오는 빛을 다시 반사시켜 도광판 내로 돌려보내는 역할
확산 시트	– 도광판 상면에 위치하여 일정한 방향으로 도광판 표면으로부터 빠져나오는 빛을 산란시켜 도광판 표면 전반에 걸쳐 빛이 고루 퍼지게 하는 역할
프리즘 시트	– 확산 시트에서 나오는 빛을 집광시켜 휘도를 상승시키는 역할
보호 시트	– 프리즘 시트 위에 위치하는 것으로 프리즘 시트의 흠집을 방지하고, 수직 수평한 세트의 프리즘 시트 사용 시 발생하는 모아레(moire) 현상을 방지
LED 모듈	– 광원으로 도광판의 빛을 공급하는 역할 – 직하형 LED BLU에서는 기존 CCFL 대신 LED 모듈이 어레이(array) 형태로 사용되고 있다. – 에지형 LED BLU에서는 LED 모듈이 바(bar) 형태로 사용되고 있다. – 시간 및 열에 따른 특성 변화가 가장 크며, LCD TV의 품질에 지대한 영향을 미치는 신뢰성이 요구되는 모듈이다.
반사판	– 광원 빛의 유출을 막고 도광판과 반대면으로 빠져나가는 빛을 반사시켜 도광판 쪽으로 재입사시켜 주므로 광효율을 극대화시키는 역할
몰드 프레임 (Mold frame)	– 모든 부품들을 하나로 조립이 가능하게 하는 틀로서 형태 유지 및 보호의 역할

디지털 사이니지의 대표적인 옥외 디지털 광고판용 디스플레이에 PCS 냉각장치(판형 냉각시스템)를 조립해 적용하여 제품의 냉각성능, 즉 냉각효과를 시험(test)하고 실제 샘플(sample)을 제작하여 시연을 하였다. 표 7.3은 PCS 냉각장치의 특징을 설명한다.

▶▶ 표 7.3 PCS 냉각장치의 특징

기존 제품	냉각장치 적용 제품
– 기존 제품(TV 및 모니터)은 실내 온도 25℃일 때 최대 55℃ 유지 – 시간이 지남에 따라 휘도가 떨어지며, LED BLU의 불량을 유발 – LCD보다 뛰어나지만 OLED보다 휘도가 떨어진다는 인식이 있어 구매 욕구 반감 – 실내 온도가 고온(35℃ 이상)일 때 제품의 휘도가 낮아짐	– 실내 온도 25℃일 때 최대 50℃ 이하 유지 – 시간이 지나도 변함없는 온도 유지 – OLED보다 200nit 높은 고효율 제품의 제작이 가능 – 실내 온도가 고온(35℃ 이상)일 때 제품의 휘도 변화가 가장 적으며 신뢰성 유지가 가능 – 고온(80℃)에서도 신뢰성 유지가 가능하여 제품 수명 보증

사진 7.3은 PCS 냉각장치 시제품(prototype)을 제작한 것이다.

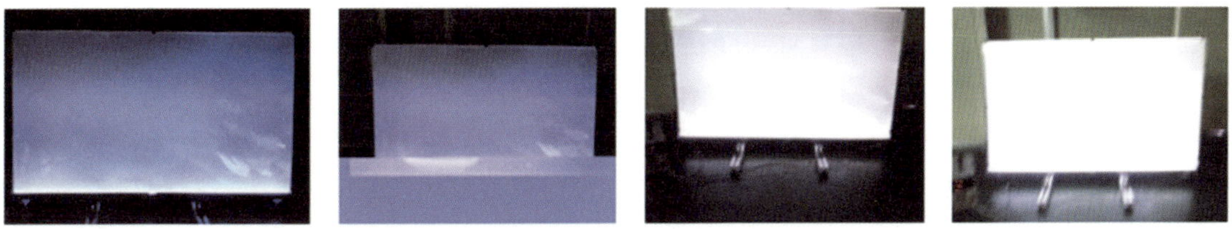

사진 7.3 PCS 냉각장치 시제품: TEST 제품 조립 및 시연 사진

사진 7.4는 PCS 냉각장치 시제품을 열화상 카메라로 온도를 측정한 데이터이다.

측정	°C
Sp1	35.2
Sp2	40.0
Sp3	40.1
Sp4	35.1
Sp5	35.2
Sp6	40.7
Sp7	42.3
Sp8	30.9
Sp9	37.0
Sp10	37.4
Sp11	24.4
Sp12	29.5
Sp13	29.0
Sp14	29.6
Sp15	26.9
Sp16	27.5

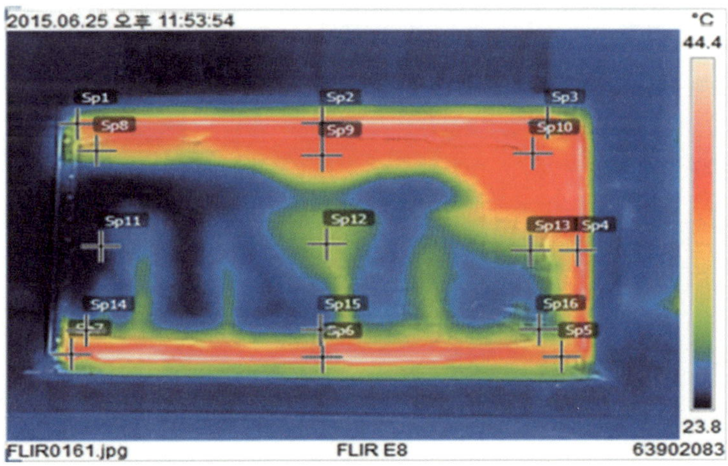

사진 7.4 PCS 냉각장치 시제품의 열화상 카메라 측정 데이터

또한 PCS 냉각장치 시제품의 시험 결과 고온 신뢰성 테스트에서도 온도 변화가 극히 작으며(거의 일정하며), 일정 온도를 유지해준다. 사진 7.5는 PCS 냉각장치가 적용된 제품의 1,000시간 신뢰성 시험 자료이다.

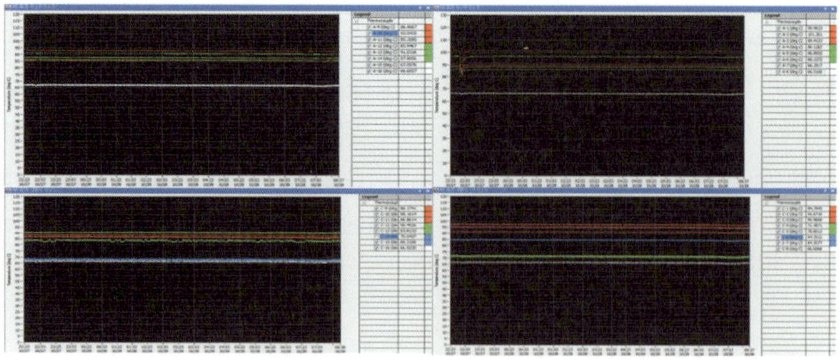

사진 7.5 PCS 냉각장치가 적용된 제품의 1,000시간 신뢰성 시험 화면

사진 7.6은 미국 라스베이거스 탑트레인 사(社) 옥외(실외) LED 디스플레이에 신기술 무동력 냉각장치 시스템 PCS를 내부에 실장하여 적용한 완제품 사진이다.

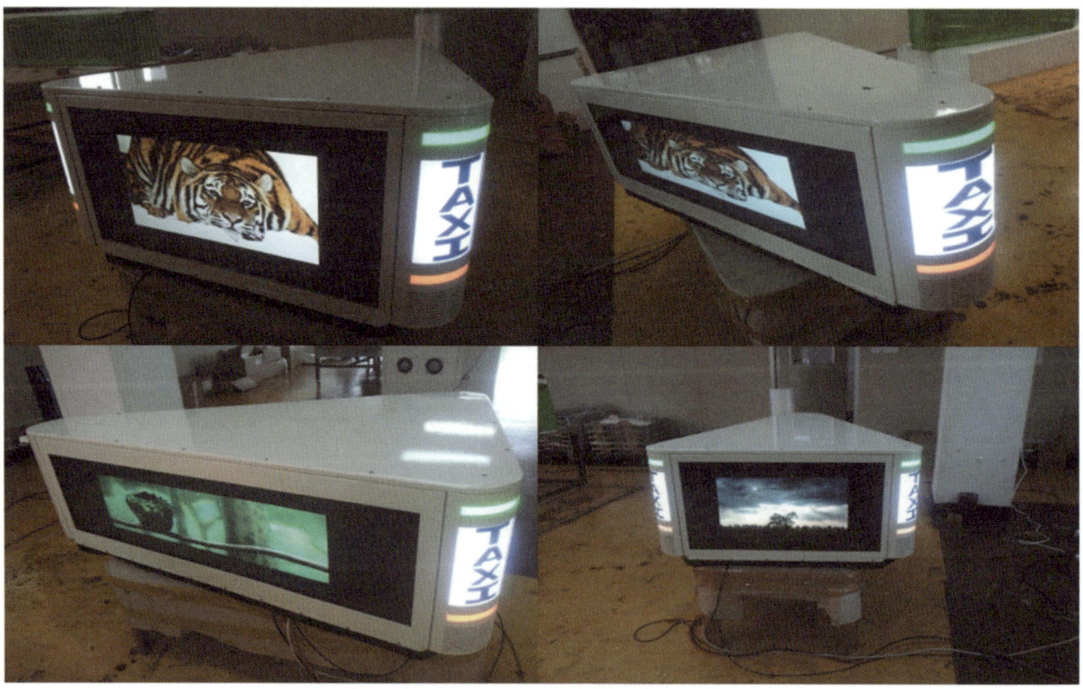

사진 7.6 미국 라스베이거스 탑트레인 사(社)
LED 디스플레이에 신기술 PCS 냉각시스템을 내부에 실장하여 적용한 완제품(옥외용 디스플레이)

CHAPTER 08

배터리 백업시스템에서의 냉각시스템 적용

01 배터리 백업시스템에서의 냉각시스템 적용

(1) 비상 전원장치(emergency power system)

상용 전력 공급이 중단된 상태에서 전원을 공급하기 위한 보조장치를 통칭하며, 자체 발전기나 전지, 무정전 전원장치 등 다양한 종류가 있다. 이러한 비상 전원장치는 주택, 병원, 연구소, 전기통신, 군용 병기 등 다양한 분야에서 쓰이고 있다.

비상 전원장치는 정전 시의 전원 공급 형태에 따라 분류할 수 있다. 가령 전지는 공급할 수 있는 전력량이 한정된다, 모터(motor)나 발전기는 연료가 있는 한 지속적으로 전기를 공급할 수 있다.

다른 형태의 분류 방법으로는 공급이 끊긴 상용 전원장치를 대신하여 전기를 공급할 수 있을 때까시 걸리는 시간을 기준으로 하는 것이 있다. 장치 중에는 끊어짐 없이 또는 있어도 수 밀리초(ms) 정도의 끊어짐 이후 전기 공급을 할 수 있는 것이 있다. 이러한 비상 전원장치는 병원의 수술실이나 전산센터 또는 군용시스템에서 주로 사용된다. 또 무정전 전원장치 중에는 모터와 발전기를 사용하는 것도 있는데, 이들은 전기 공급을 재개하기까지 시간이 다소 걸린다.

그 외에 하이브리드(hybrid) 타입의 시스템도 존재한다. 화재 경보시스템, 폐쇄회로 텔레비전, 도난 경보기 등의 배전반에 부속된 전지(일반적으로 직류 12볼트에서 24볼트)의 안정성은 비상시의 전원 공급 능력에 달려있다. 특히 전원 문제(안정적인 외부 전원이 필요한 컴퓨터나 통신장비 등에 사용) 및 전기 회로상의 문제(즉, 최적의 전압 및 주파수 확보)를 막기 위해서 무정전 전원장치가 사용된다.

사진 8.1은 앞에서 설명한 비상 전원장치가 사용되는 제품 및 장치, 모듈이다.

주요 비상 전원장치

사진 8.1 비상 전원장치가 사용되는 제품 및 장치, 모듈

(2) 비상 전원장치 구성 및 기능

1) CAPLESS SMPS(Switching Mode Power Supply)

SMPS는 스위칭 모드 파워 서플라이(switching mode power supply)로서 상용 전원으로부터 공급되는 교류(AC) 전기를 컴퓨터, 통신기기, 가전기기 등 각종 기기에 맞도록 변환시켜 주는 모듈형의 전원 공급 장치이다. 고속 전력 반도체를 이용해 높은 주파수로 단속 제어를 하고, 정류와 평활회로를 거쳐 안정된 각종 직류 전압을 얻는다. 직류 전원장치는 크게 리니어(linear)형과 스위치 모드(switch mode)형으로 구분되는데, 1990년대에 들어서 경량, 소형화에 적합한 스위치 모드형이 PC와 가전기기를 비롯한 전자제품의 주력 전원 공급장치로 자리잡고 있다.

SMPS는 스위칭 과정에서 잡음 및 전자파를 발생시키는 단점도 있다. 회로 방식으로는 공진형(resonant)이 가장 변환 효율이 높아 노트북 PC의 어댑터(adapter)에 주로 사용된다.

평활 CAPLESS를 사용하지 않는 CAPLESS SMPS 회로를 채용하여 역률 개선 및 SMPS 수명을 연장하고, 1차측 정전류(constant current) 제어 방식으로 전력효율을 증대한다.

2) 충전부

① 저전류 CC / CV 충전회로로 배터리 수명 연장

② 과충전 / 과방전 방지

③ 배터리 충전상태(충전 중 / 충전종료) LED 표시

3) 정전검출

1차 전원공급 라인의 정전 또는 스위치 오프(switch off)를 자동 감지하여 정전일 경우 LED 조명장치 점등을 유지하고 스위치 오프(switch off) 때 조명장치를 소등한다.

4) BOOST / DIMMING 회로

① 정전 시 배터리 전원상태에 따라 조명에 필요한 전압으로 승압을 제어한다.
② 배터리 전원상태에 따른 전류제어(dimming 제어) 기능으로 배터리 사용기간을 연장한다.

5) 출력제어부

정상전원 공급상태, 정전상태 및 스위치 오프(switch off) 상태 등의 상황에 따른 출력을 제어한다.

그림 8.1은 비상 전원장치 구성도이며, 블록 다이어그램(block diagram)으로 나타내었다.

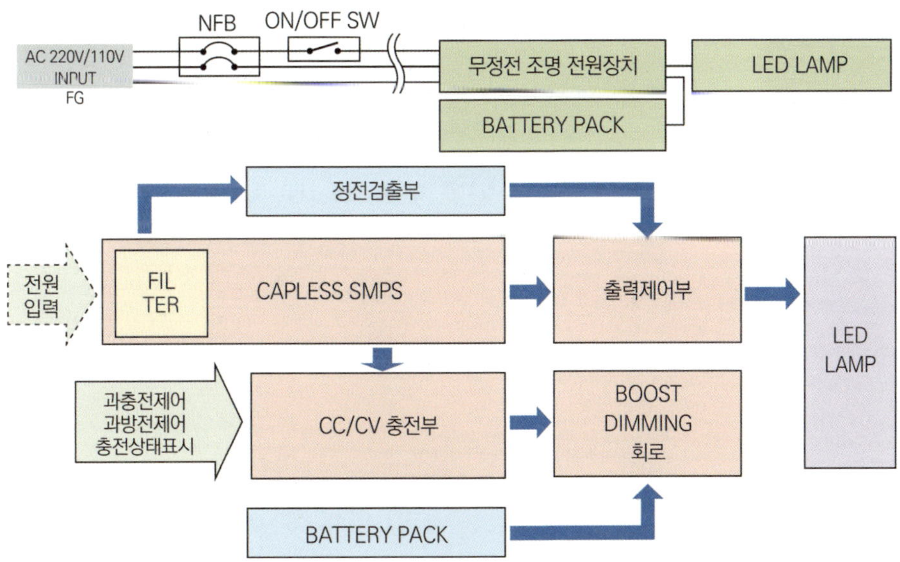

그림 8.1 비상 전원장치 구성도(블록 다이어그램)

(3) 제품 및 용도(시장)

사진 8.2와 8.3과 같이 비상 전원장치는 정전 시에도 비상 전원이 필요한 산업분야를 비롯한 안전시설과 보안시설 등 여러 방면으로 사용되고 있다.

사진 8.2 국내에 설치된 배터리 백업 LED 조명 설치 사진

사진 8.3 미국 샌디에이고에 설치된 배터리 백업 LED 조명 설치 사진

CHAPTER 09

태양광 냉각시스템

01 태양광 냉각시스템

(1) 태양광 냉각시스템의 특징

PCS 냉각시스템(Plate Cooling System)을 신재생에너지를 얻기 위한 태양광 전지 모듈에도 적용한다. 그림 9.1에 태양광 PCS 냉각시스템을 간단히 나타내었다.

1) 태양광 냉각시스템의 특징

① 녹색신기술
② 세계 최초 태양광 모듈 무동력 냉각장치기술
③ 태양전지 모듈의 효율 최대 20% 정도 증가
④ 열로 인한 태양전지 모듈의 열화현상에 의한 성능 및 수명저감 방지 및 수명 연장

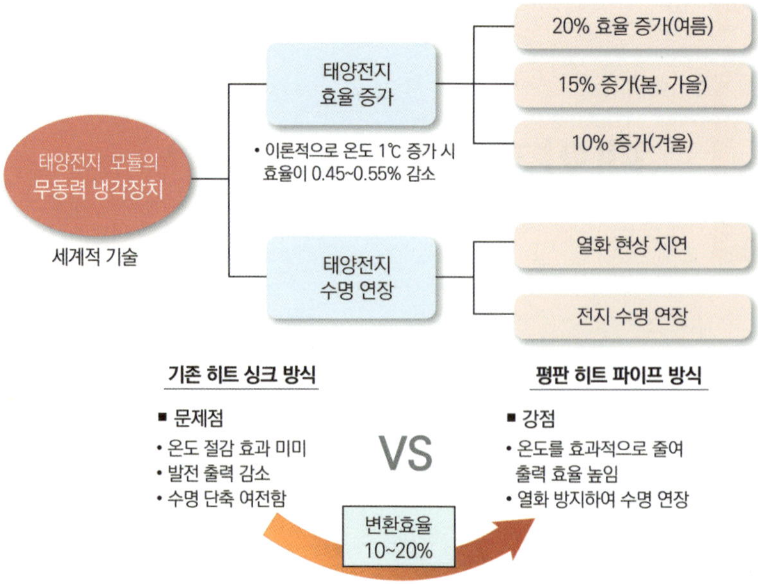

그림 9.1 태양광 PCS 냉각시스템의 도식화

사진 9.1은 현재 많이 사용하고 있는 기존 기술인 히트 싱크(heat sink)와 새로운 기술인 히트 파이프(heat pipe)를 이용한 냉각장치를 비교한 사진이다.

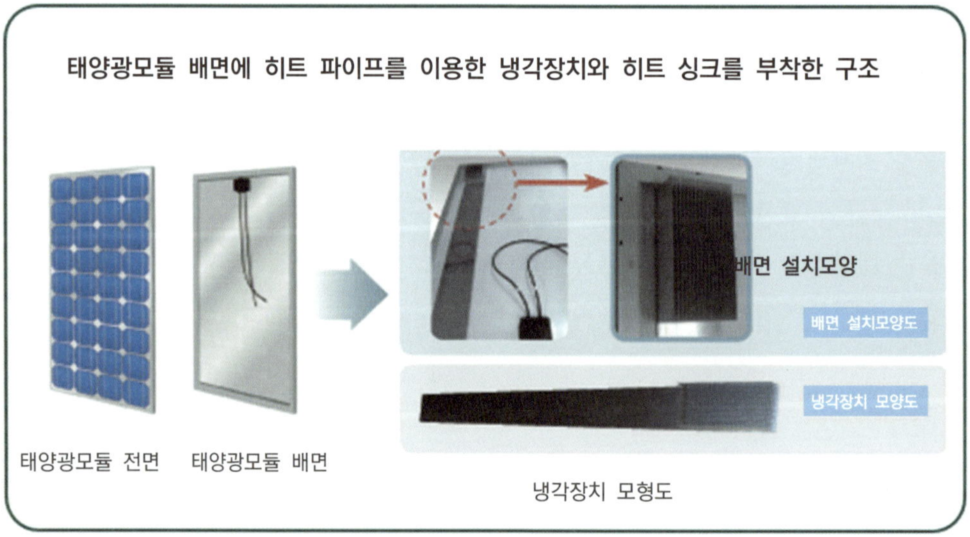

사진 9.1 기존 기술인 히트 싱크와 새로운 기술인 히트 파이프를 이용한 냉각장치의 비교

(2) 시장 분석

1) 국내

① 냉각장치 시장은 초기 단계 : 실험적 수준
② 신안 LG 태양광 발전소 20MW : 냉각기 없음
③ 동서발전 동해 화력발전소 주차장 태양광 발전설비 : 수냉식
④ 경제성 부족으로 인해 설치를 거의 하지 않음
⑤ 잔디를 심거나 거리를 이격하는 자연환기 냉각 방식
⑥ 장비(냉각팬)에 의한 강제 냉각이나 환기는 장치 운영을 위한 전기 사용으로 비용이 발생
⑦ 냉각기술 도입으로 인해 얻을 수 있는 기대 효율에 비해 투자비용 및 운영비용이 너무 커 경제성 없음
⑧ 자연 냉각, 환기의 적절한 활용과 최소한의 대책(잔디 심기 등)을 권하는 정도

2) 해외

① 해외 시장은 거의 전무함
② 기술의 차별성이 있어 해외 진출을 위한 기회가 있다.

그림 9.2는 기술의 장점, 시장 예측, 시장 규모를 도시한 것이다.

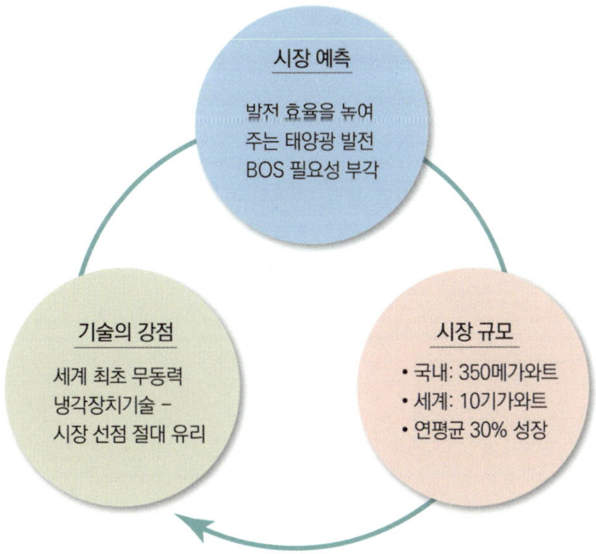

그림 9.2 기술의 장점, 시장 예측, 시장 규모

사진 9.2는 냉각성능을 측정하기 위해 조립되어 설치된 실험용 태양광 냉각시스템의 사진과 냉각성능을 측정한 자료이다.

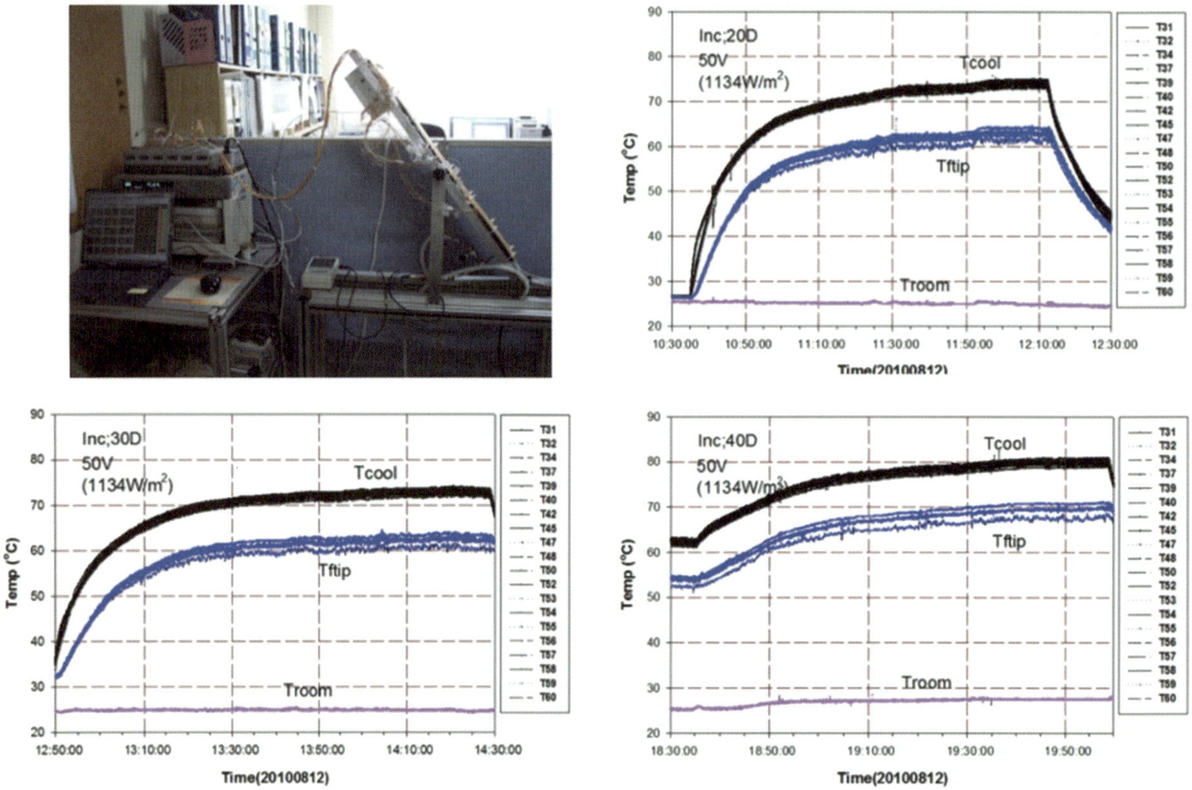

사진 9.2 실험용 태양광 냉각시스템의 사진과 냉각성능을 측정한 자료

CHAPTER

10

전기자동차·전장 및 배터리 냉각시스템

01 냉각시스템의 필요성

보조 동력원 및 주 동력원으로 전기 구동모터를 사용하는 전기자동차(EV, electric vehicle: 전기를 동력으로 움직이는 자동차로, 자동차의 구동에너지를 기존의 자동차와 같이 화석연료의 연소로부터가 아닌 전기에너지로부터 얻는 자동차이다)는 자동차에서 나오는 배기가스가 전혀 없어 친환경적이며, 소음이 아주 적은 장점이 있다. 전기자동차는 1873년 가솔린자동차보다 먼저 제작되었으나, 배터리의 무거운 중량, 충전에 걸리는 시간 등의 문제 때문에 실용화되지 못하다가 최근 공해문제가 심각해지면서 다시 개발되어 자동차 시장의 대세가 되고 있다.

전기자동차는 엔진이 전기모터로 대체된 것 외에 기존의 내연기관 자동차들과 차이가 있다. 그러나 가장 큰 문제는 에너지의 공급원인 배터리이다. 배터리의 용량과 사용 수명, 안전성을 비롯한 경량·소형화 및 짧은 충전시간은 전기자동차의 안전성과 완성도를 높여 대중화하기 위한 필수적인 선결 조건이다.

전기자동차는 기존 내연기관 자동차와 달리 구동을 위한 대용량의 구동모터(traction motor), 모터에 전기를 공급하는 고전압 이차전지(high voltage battery system), 고전압 배터리에서 보조배터리 및 전장부하로 전류를 공급하기 위한 컨버터(converter) 및 구동모터, 이차전지 충전에 필요한 인버터(inverter) 등 고발열 전자장비(high heat flux electric devices)들로 구성된다. 이러한 전자장비들은 전기자동차 주행 시 매우 높은 열을 발생시키며, 발생열의 냉각으로 인한 연비 저하 및 전자장비의 수명 단축 등의 문제를 발생시키기 때문에 전기자동차의 주행거리 연장과 전자장비의 신뢰성 확보를 위하여 고(高)발열 전자장비 냉방기술이 포함된 열관리시스템(thermal management system, TMS)을 필요로 한다.

전기자동차를 구동하기 위하여 쓰이는 고발열 전자장비들은 종류에 따라 적정 사용온도가 각각 다르며, 그중 열에 매우 취약한 부품도 있다. 이러한 전자장비는 사용 가능한 안전 온도에 따라 적절한 열관리가 필요하며, 이를 반영하여 열관리시스템을 설계해야 한다.

전기자동차에 사용되는 고발열 전자장비인 구동모터, 고전압 이차전지 및 인버터를 냉각하기 위하여 이론적 및 실험적으로 활발한 연구가 진행되고 있다.

현재 전기자동차의 열관리시스템은 차량 종류에 따라 설계를 다르게 하고 있다. 하이브리드(hybrid)자동차 및 플러그인 하이브리드(plug in hybrid)자동차 등과 같이 구동을 내연기관과 전기구동모터를 동시에 사용하는 전기자동차의 열관리시스템은 내연기관 열관리시스템과 일부 공유하여 열관리를 하고 있다.

반면 순수 전기자동차는 이차전지를 에너지원으로 하여 전기 구동모터만으로 구동하기 때문에 전자장비의 열발생이 매우 크며, 열관리시스템이 기존 내연기관 자동차에 비해 복잡한 구조를 가진다. 이러한 순수 전기자동차의 열관리시스템을 설계하기 위하여 활발한 연구개발이 진행되고 있지만, 각 부품의 성능을 개선할 수 있는 최적의 냉방 방식에 대한 연구개발은 미흡한 실정이다.

사진 10.1은 전기자동차를 구성하고 있는 주요 부품을 보여준다.

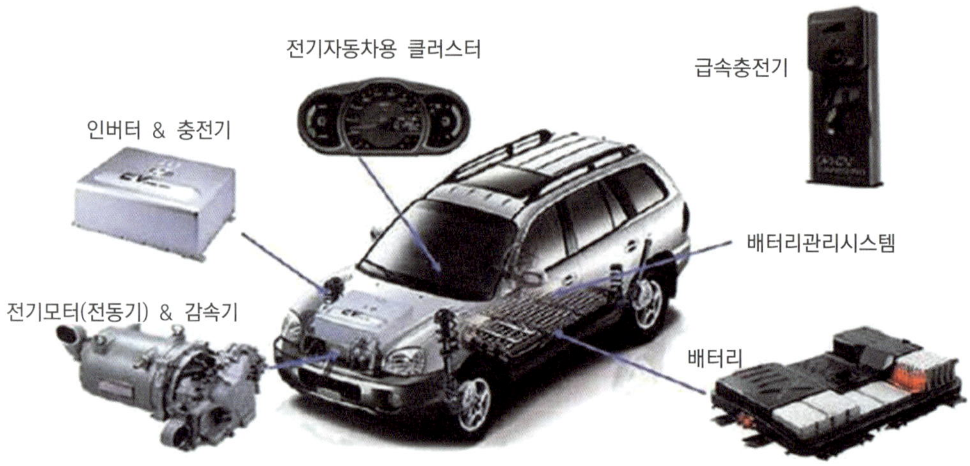

사진 10.1 전기자동차의 주요 구성부품

02 냉각시스템의 적용

(1) 냉각시스템 적용 방법 1

1) 기존 발열소자 냉각장치(히트 싱크)

일반적으로 저항(R), 콘덴서(C), 인덕터(L)와 같은 수동소자, TR(트랜지스터), IC(집적회로), 트랜스포머(transformer, 변압기: 전자 유도 작용을 이용하여 교류 전압이나 전류의 값을 높이거나 낮추는 장치) 등의 전자부품을 다수 개 실장하여 일정 회로를 형성한 인쇄회로기판(PCB)에 실장된 전자부품의 사용 시에 전자부품에 열이 발생하므로 그 수명이 단축되고 효율이 떨어진다.

이를 좀 더 상세히 설명하면 다음과 같다. 인쇄회로기판(PCB)은 절연판의 단면 또는 양면에 도전체층이 구비되고, 상기 도전체층은 우선 전면에 증착 및 도금 등의 방법으로 형성되어 적절한 패턴(pattern, 도선)에 의해 식각(etching, 에칭)되거나 처음부터 실크스크린 인쇄(silkscreen printing) 등의 기법에 의해 소정의 패턴을 갖도록 형성되는 경우도 있다.

양면 PCB의 경우에는 절연판을 관통하는 비아홀(via hole) 등을 형성하여 전면의 도체 패턴 중 필요로 하는 부분과 후면의 도체 패턴 중 필요로 하는 부분을 서로 연결한다. 이와 같은 PCB에 저항(R), 콘덴서(C), 인덕터(L)와 같은 수동소자, TR(트랜지스터), IC(집적회로), 트랜스포머 등의 전자부품을 다수 개 실장하여 일정 회로를 형성하고, 회로에 전원을 공급하여 작동하면 각종 전자부품은 작동하면서 발열을 하게 된다.

이와 같이 전자부품에서 발생하는 열은 전자부품의 수명을 단축함은 물론 회로의 효율적인 작동을 방해하고, 화재 발생 위험이 있어 이를 방지하기 위해 효과적으로 빠르게 냉각돼야 한다.

특히 작동 시 과다한 열을 발생하는 전자부품은 제작 시 미리 방열문제를 고려하여 부품의 외측에 방열핀을 별도로 마련하거나, 부품의 내측에 대기와 연통된 통공(ventilation hole)을 마련하는 등 부품 자체의 구조를 적절하게 설계하여 제작해야 한다.

전자부품은 소정의 PCB 상의 일정 위치에 고정되어 회로를 구성하는 요소가 되거나 별도의 고정수단에 의해 고정되고, 통상적으로 이들 전자부품은 기기의 외측 케이스에 의하여 덮여진 채로 보호될 수 있게 설치된다. 이 경우 전자부품은 외측 케이스(case)에 의하여 거의 밀폐된 상태(예를 들면, EMI 전자파 차폐 등을 위해 실드 케이스로 밀폐)에 있게 되므로 전자부품소자의 보호 측면에서는 바람직하나, 작동 시 전자부품으로부터 발생하는 열은 원활하게 외부로 배출되지 못하고 전자부품엔 과열현상이 발생한다. 이를 방지하기 위한 종래기술로 다음 그림 10.1과 사진 10.2와 같이 히트 싱크(heat sink)를 구비하고 케이스 내측에 냉각팬을 설치하여 강제적으로 냉각시키는 방법이 시도되고 있으나, 이 경우에도 부품소자의 배치나 케이스의 구조적인 문제점으로 인하여 부분적인 냉각효과 밖에 기대할 수 없다. 따라서 발열하면서 열에 취약한 전자부품은 부분적인 냉각으로 인해 계속 누적된 열로 과열현상이 발생함에 따라 그 수명이 현저하게 단축되는 문제점이 있다.

또한 과열현상을 방지하기 위한 종래기술로 전자기기의 조립 시 PCB의 상면, PCB의 하면 및 케이스의 내면 중에서 적어도 하나의 위치에 열전도성 충전재를 배치하는 경우(구성)도 있으나, 이는 충전재에 의해 무게가 무거워지고 비용이 많이 소요되는 문제점이 있다.

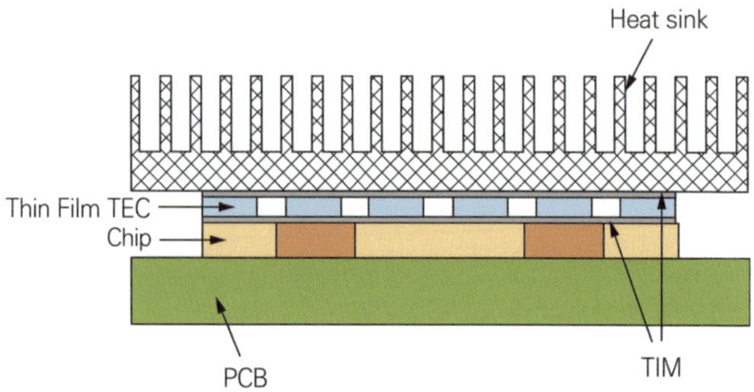

그림 10.1 히트 싱크의 조립단면도

사진 10.2 히트 싱크의 조립

2) 발명의 명칭 - 전자부품 냉각 방식

전자부품의 냉각 방식을 보여주는 기본적인 사례로 다음과 같은 특허의 내용을 소개한다.

사진 10.3은 소정의 회로를 구성하는 전자부품 중 열에 취약한 전자부품, 즉 발열소자로 트랜스포머(T1, T2)와 트랜지스터(Q1~Q5)를 냉각장치(1)에 장착한 모습을 나타낸다.

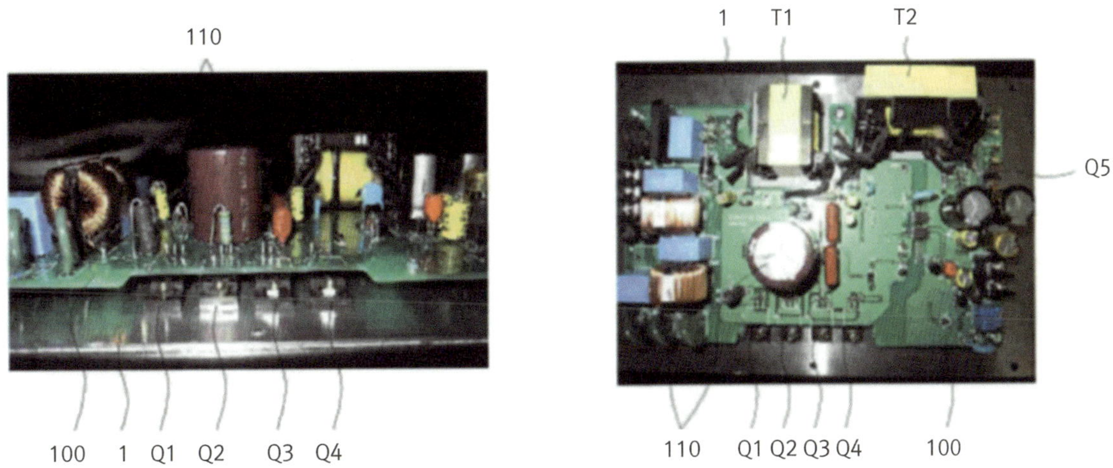

(a) 정면도 (b) 평면도

사진 10.3 발열소자 트랜스포머와 트랜지스터가 실장된 PCB에 결합된 냉각장치

트랜스포머(T1, T2)는 일반 트랜스포머와 마찬가지로 보빈(bobbin, 전선을 감아 코일을 만드는 원형통)에 1차측 코일과 2차측 코일을 권선한 후 코어(core)를 조립하여 이루어지는 것이다. 예를 들어, 제 1트랜스포머(T1)는 상용 교류 전원을 입력받아 정류한 것을 DC 전압으로 변환하고, 제 2트랜스포머(T2)는 제 1트랜스포머(T1)에서 출력되는 DC 전압을 다른 크기(볼트)의 DC 전압으로 변환하여 출력한다.

트랜스포머(T1, T2)는 냉각장치(1)에 장착 시 트랜스포머 중 특히 열이 많이 발생하는 코어 부분이 본딩에 의해 냉각장치에 접착되어 장착되거나, 냉각장치(1)에 패드(60)를 고정한 후 코어 부분이 본딩(bonding)에 의해 패드에 접착되어 장착될 수도 있다.

사진 10.3과 같이 PCB(100)에는 상기 냉각장치(1)에 장착된 발열소자, 즉 트랜스포머(T1, T2)와 트랜지스터(Q1~Q5)를 수용할 수 있도록 수용공간(102)이 형성된다. 상기 냉각장치(1)에 나타낸 바와 같이 소정의 위치에 다수의 지지대(120)가 입설되어 상기 다수의 지지대(120)에 PCB(100)가 얹어진 상태에서 나사 등을 이용하여 PCB(100)와 지지대(120)를 나사결합함으로써 냉각장치(1)의 소정거리가 이격된 상부에 PCB(100)가 고정되고, 패턴이 형성된 PCB에는 상기 발열소자를 제외한 각종 전자부품(110), 예를 들어 저항, 콘덴서, 다이오드, 인덕터, 라인필터 등이 납땜 등에 의해 실장된다.

상기 냉각장치(1)에 장착된 트랜스포머(T1, T2)와 트랜지스터(Q1~Q5)는 PCB(100)에 형성된 수용공간(102)에 위치되고, 사이즈(높이)가 큰 트랜스포머(T1, T2)는 수용공간(102)을 통해 상부로 돌출된다.

상기 냉각장치(1)는 발열소자(T1, T2, Q1~Q5)의 작동 시 발생하는 고열이 작동유체에 전달된다. 그리고 작동유체는 상기 하판(13)에 형성되는 다수개의 상기 저수조(15)를 상부로부터 하부 방향으로 차례로 흐르면서 발열소자(T1, T2, Q1~Q5)에서 발생하는 고열을 빠르게 흡열한다.

고열을 흡열한 작동유체는 하부 방향으로 흐르는 과정에서 상기 윅(30, wick)에 흡수되거나, 발열소자(T1, T2, Q1~Q5)에서 발생하는 고열에 의해 비등된다. 상기 윅(30, wick)에 흡수된 작동유체 또한 발열소자(T1, T2, Q1~Q5)에서 발생하는 고열에 의해 비등된다.

비등되어 증발한 증기는 상승하여 열교환되면서 냉각 및 응축되며, 고열을 외부로 방열한다. 그리고 응축된 작동유체는 하중에 의해 하강하여 다시 상기 하판(13)에 형성되는 다수개의 상기 저수조(15)를 상부로부터 하부 방향으로 차례로 흐르며 상기 발열소자(T1, T2, Q1~Q5)에서 발생하는 고열을 흡열한다.

상기 냉각장치(1)는 이와 같은 작동유체의 반복 순환으로 발열소자(T1, T2, Q1~Q5)에서 발생하는 고열을 빠르게 냉각한다. 이상에서는 냉각장치(1)가 발열소자(T1, T2, Q1~Q5)를 빠르게 냉각하는 것에 대해 설명하였으나, 상기 냉각장치(1)는 PCB(100)에 실장된 다수의 전자부품(110)에서 발생하는 열도 냉각시킴은 물론이다.

그림 10.2는 전자부품을 냉각하는 방식을 나타내는 플로우 차트(flow chart, 흐름도)이다.

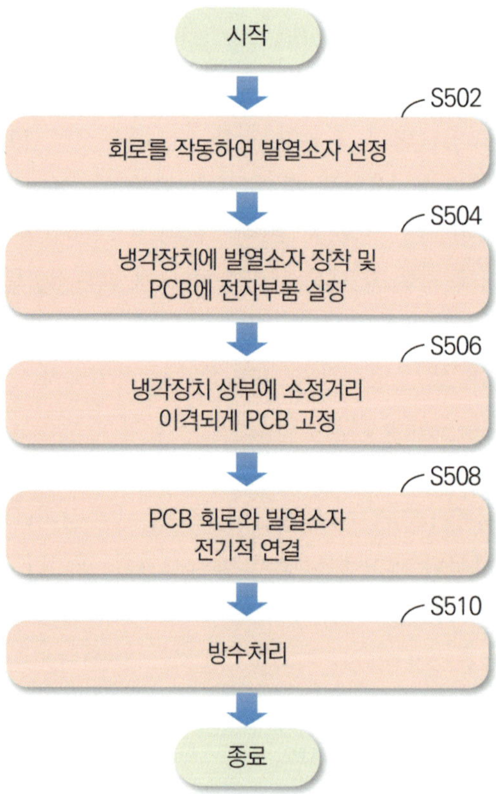

그림 10.2 전자부품 냉각 방식 플로우 차트

그림 10.2와 같이 전자부품 냉각 방식의 흐름도를 설명하면 다음과 같다.

① 모든 전자부품(발열소자)으로 회로를 구성하고 이 회로에 전원을 공급하여 회로를 작동한 후 각 전자부품의 온도를 측정한다. 그 회로에서 특히 온도가 많이 올라가는 전자부품, 즉 발열소자(T1, T2, Q1~Q5)를 선정한다(S502).

② 냉각장치(1)의 소정의 위치에 선정된 발열소자(T1, T2, Q1~Q5)를 장착하며, 상기 발열소자의 장착 위치를 고려하여 보드(board)에 패턴과 수용공간(102)을 형성하고, 발열소자를 제외한 나머지 전자부품(110)은 PCB(100)의 패턴에 납땜하는 방식으로 실장한다(S504).

반대로 발열소자(T1, T2, Q1~Q5)의 장착 위치는 PCB 회로와의 전기적 연결을 고려하여 결정한다.

③ 냉각장치(1)에 다수의 지지대(120)를 입설하고, 그 지지대(120)에 PCB(10)를 올려놓은 후 나사 등으로 서로 결합함으로써 냉각장치(10) 상부에 소정거리가 이격되게 전자부품(110)이 실장된 PCB(100)가 고정된다(S506).

④ PCB 회로와 냉각장치(1)에 장착된 발열소자(T1, T2, Q1~Q5)를 전기적으로 연결하여 전체 회로를 완성한다(S508). 그리고 완성된 전체 회로에 방습 절연 코팅제를 도포하는 방식 등으로 방수처리한다(S510).

(2) 냉각시스템 적용 방법 2

1) 기존 배터리 냉각 방식

사진 10.4는 전기자동차에 사용되는 냉각시스템(cooling system)의 실제 예를 보여준다.

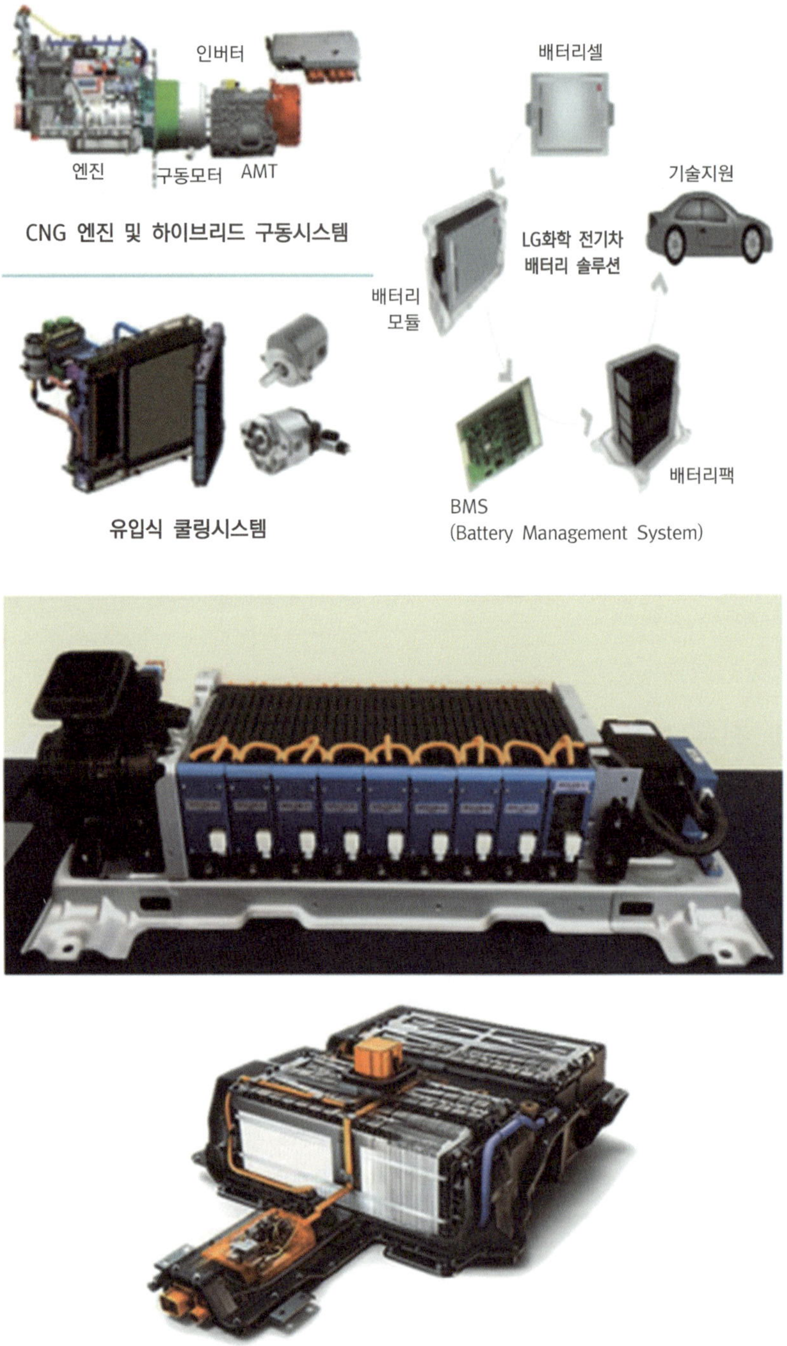

사진 10.4 전기자동차에 사용되는 냉각시스템의 사례

일반적으로 전기자동차용 배터리는 대부분 공랭식이라 볼 수 있다. 팬이 달려 있거나 냉각핀이 달려 있지는 않지만, 일반 내연기관 자동차처럼 라디에이터 그릴(radiator grille, 자동차 앞부분의 중앙에 위치하여 라디에이터의 냉각에 필요한 공기를 들여보내는 통풍구, ventilation hole)을 통하여 공기 중(대기 중)으로 열을 발산하기 때문에 공랭식이라 보는 것이 맞다. 하지만 전기차는 기존 방식으로의 방열과 냉각에 한계가 있다.

배터리 자체에서 발생하는 열(발열)도 엄청 크고, 그 외에도 외부 환경적 요인으로 인해 들어오는 열도 상당히 많기 때문이다. 그리고 장거리 이동 시, 도심 정체 구간에서와 같이 고려해야 할 환경들이 너무 많기 때문에 기존의 공랭식만으로는 발열에 따른 냉각해결에 한계가 있을 수밖에 없다.

또 한 가지 문제는 엔진도 너무 낮은 온도에서는 연료 혼합비가 잘 맞지 않고, 특히 공기 중에 있는 수분이 얼어서 정상적인 힘을 발휘하지 못하는 경우가 있는데 배터리도 마찬가지이다. 너무 낮은 온도에서 제대로 에너지를 전달하지 못하며, 배터리 자체의 수명 단축이나 원래의 배터리 용량을 전부 사용하지 못하는 경우도 있다. 따라서 전기차용 배터리는 냉각과 가열 두 가지 모두를 고려하는 온도조절시스템이 필요하다.

독일 기업 보쉬(Bosch)가 공동으로 개발하여 공급한 배터리를 사용 중인 BMW i3의 경우는 수냉식으로 알려져 있다. 배터리팩에 냉각과 가열을 위한 시스템을 만들어 다양한 컨디션(주행 환경)에서도 배터리가 항상 일정한 온도를 유지할 수 있게 해준다. 기본적으로 쿨란트(coolant, 냉각수 · 냉각액)와 라디에이터(radiator, 주위에 얇은 금속판으로 된 핀(fin, 얇은 판)을 많이 붙인 도관 속에 온수를 통하게 하여 대기 속으로 열을 발산시키는 장치, 방열기)가 달려 있고 배터리팩을 냉각 호스(hose)로 감싸서 배터리 온도가 높을 때 냉각수를 호스로 흘려보내 일정한 온도를 유지하게 한다. 만약 배터리 사용량이 많아지는 경우, 즉 고속으로 달리는 경우에는 보다 빠른 순환속도로 펌프를 가동한다. 반대로 너무 추울 때 이 시스템은 라디에이터와 연결된 호스를 바이패스(bypass, 우회)하여 가열을 위한 배터리를 이용하여 배터리를 워밍업시켜 주기도 한다.

미국 제너럴모터스(GM) 사(社)의 쉐보레 볼트(Chevrolet Bolt) EV의 경우는 매우 더운 대기 온도에서는(뜨거운 날) 추가적으로 달아놓은 팬(fan)을 돌려서 직접적으로 배터리팩에 시원한 공기를 공급하여 냉각시켜 준다. 팬이 시원한 공기를 공급한다는 것에서는 공랭식이며, 라디에이터가 있다는 것은 수냉식이므로 배터리팩의 냉각을 위해서 두 가지 방식을 모두 사용하고 있다.

다음과 같은 문제도 발생한다. 이 시스템을 자동차가 작동이 될 때만 가동되면 곤란할 것이다. 물론 무턱대고 언제든지 작동된다면 그 또한 배터리를 소모시키는 일이겠지만, 예를 들어 충전을 하고 있는데 한낮에 뜨거운 태양 아래에 차를 두고 충전을 해야 할 때 혹은 그 반대로 온도가 낮은 혹한의 기후에서 충전 중일 때 배터리의 효율을 최대로 높이기 위해서는 이 시스템이 작동을 하고 있어야만 한다는 것이다.

미국 테슬라(Tesla)의 경우도 유사한 방식을 사용 중이다. 배터리팩 위에 냉각핀(cooling fin)을 덮어 씌웠고, 또 앞쪽에는 라디에이터를 달아서 수냉식과 공랭식을 함께 사용하고 있다.

세계적인 자동차 회사들이 전기차를 빨리 상용화하지 못했던 이유는 여러 가지가 있겠지만, 그중에는 이런 냉각에 대한 완전한 해결이 이뤄지지 않은 요인도 포함된다.

독일 BMW 액티브(Active) E, 미니 E도 몇 년간의 필드 테스트(field test, 현장시험)를 거쳐서 i3에 기술이 적용되었는데, 이는 바로 기후환경 변화에 따른 배터리의 성능 변화에 어떻게 대처할 것인가에 대한 다양한 실험이 필요했기 때문이다. 이런 다양한 실험 중의 하나가 에이징 테스트(aging test, 시효 실험)이다. 이는 온도, 습도 등 기후 환경이나 도로 환경에 따라 배터리와 구성 시스템이 극한과 같은 가혹한 환경에서 언제까지 한계 상황을 견뎌낼 수 있는가를 확인하기 위해 검사하는 방법이다.

2) 배터리 냉각 방식

전기자동차에 사용되는 전자장비의 구성은 대용량 구동모터, 고전압 이차전지, 인버터 및 컨버터 등이 있으며, 이런 전자장비 및 기타 구성기기를 제어하기 위하여 ECU(Electronic Control Unit, 전자제어장치)가 장착되어 있다.

전기자동차에서 기존 내연기관 엔진의 대체 동력원으로 사용되고 있는 전기모터는 일반적으로 효율이 높은 3상 모터이다. 따라서 모터 구동을 위한 DC/AC 변환을 위하여 인버터(inverter)가 필요하며, 구동모터뿐만 아니라 전기자동차에 사용되는 기타 보조기기를 구동하기 위하여 각 기기의 요구 전압을 충족하기 위한 DC/DC 컨버터(converter)도 필요하다.

이들 전자장비는 전기자동차의 연비 향상을 위하여 고성능화되고 있지만 전자장비의 요구 전력량 증가가 수반되므로 구동에 따른 전자장비의 발열량도 증가하고 있다. 따라서 전자장비의 최고 성능 확보를 위하여 각 제품별 안전 온도가 존재하며, 전기자동차에는 전자장비를 안전 온도 이내에서 구동하기 위하여 각 전장, 즉 전자장비를 관통하는 냉각유로, 라디에이터, EWP(Electric Water Pump, 브러시리스 모터에 의해 구동되는 전기차용 전자식 · 전동식 워터펌프)로 구성된 냉각시스템이 장착되어 있다.

일반적으로 히트 싱크(heat sink)와 같은 자연대류 냉각장치 및 팬(fan)에 의한 강제대류 냉각장치 등 전자장치의 개별 냉각장치도 개발되어 있지만, 최대냉각용량 부족 및 소비전력의 증가로 큰 냉각효과를 기대하기는 어렵다. 따라서 전자장비의 최대성능 유지 및 냉각시스템 소비전력 감소를 통한 전기자동차 연비 향상, 즉 성능 향상을 위해서는 라디에이터 팬 및 EWP에 의해 구동되는 냉각시스템의 제어기술 최적화가 중요하다.

전기자동차의 냉각시스템 구성도로서 작동유체인 냉각수(물 50% : 글리콜 50%)가 라디에이터 출구에서부터 냉각수 저장탱크(reservoir), EWP, 인버터, 구동모터, OBC(On-Board Charger, 차량 내부에 설치된 배터리 충전기) 및 라디에이터 입구로 순환하며, 라디에이터 전방에는 에어컨을 구동하기 위한 컨덴서(condenser)가 위치하고, 후방에는 방열 촉진을 위한 팬이 장착되어 있다.

전기자동차 냉각시스템에 사용되는 기존 전기자동차 냉각제어로직으로 인버터 소자 온도, 인버터에 장착된 히트 싱크 온도 및 모터 소자 온도 등 3가지 제어기준이 있으며, 각 기준 온도는 차량 내부에 설치된 다단 제어로직(MAP)에 의해 냉각시스템 구동지령(명령)이 구성되어 있다.

즉, 주행 시 각 온도 데이터는 설정된 제어 온도에 도달 시 입력된 제어로직에 의해 EWP(Electric Water Pump) 속도와 라디에이터 팬 동작 레벨이 선택되며, 이들 3가지 제어지령 중 최대값으로 EWP 및 라디에이터 팬이 제어된다. 그러나 이러한 제어 방식은 전자장비의 필요 냉각용량에 상관없이 1가지 제어기준만 충족 시 냉각시스템이 구동되며, 구동 기준 온도 또한 상당히 낮기 때문에 필요 이상의 전력을 소비하게 되어 효율적인 소비전력 관리가 힘들다.

또한 제어변수가 전자장비의 소자 온도 또는 히트 싱크 온도 및 차속(내부)으로 한정되어 있으므로, 외기 온도, 주행 환경 및 에어컨 작동 등 다양한 작동 환경에서 전자장비의 이상 온도 변화에 대비할 수 없다.

그림 10.3은 전기자동차의 주요 구성부품과 구성도이다. 그리고 전기자동차에 사용되고 있는 냉각시스템과 냉각제어로직(cooling control logic)의 예를 보여준다.

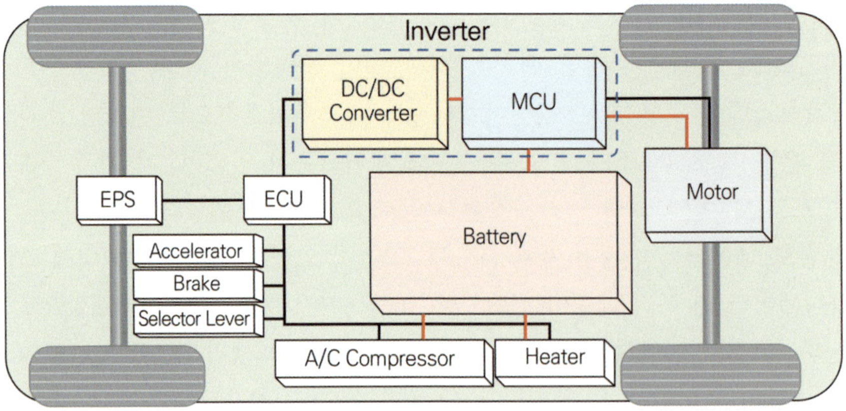

Schematic diagram of electronic vehicles

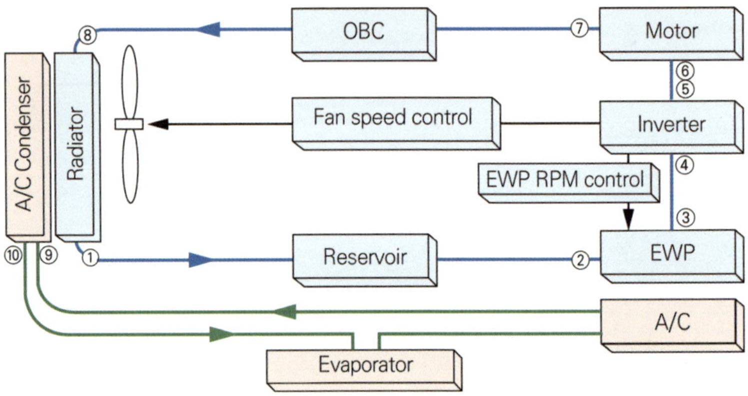

Schematic diagram of cooling system for electronic vehicles

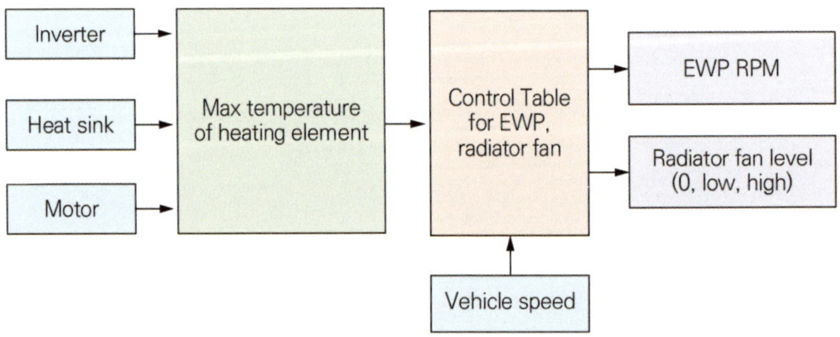

Existing control logic of cooling system for electronic vehicles

그림 10.3 전기자동차 주요 구성부품과 구성도 그리고 냉각시스템과 냉각제어로직(cooling control logic)의 예

사진 10.5에서는 전기자동차에 사용할 수 있는 새로운 냉각시스템으로, 이에 대한 특징(기술의 차별성)을 설명하고 있다.

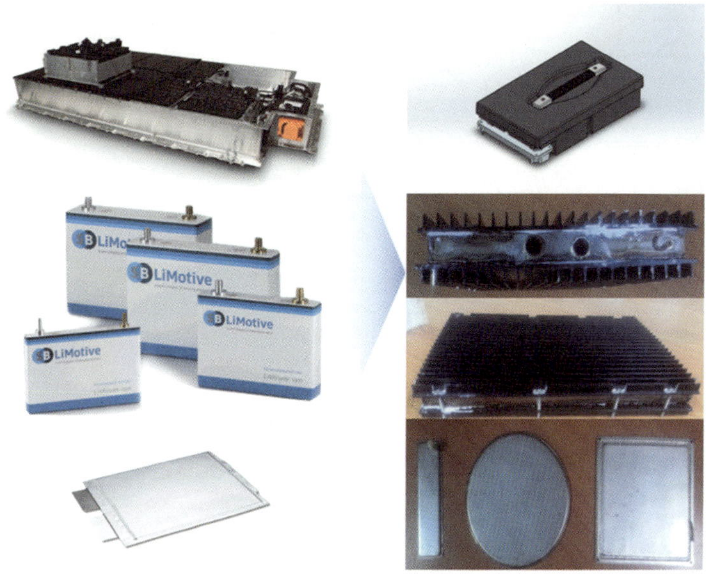

냉각장치의 외형은 SUS(KS규격은 STS, 스테인리스강)로 만들어져 외부 충격 및 내부 충격에 강하도록 설계하며, 구리의 100배 이상의 열전도도를 가진 냉각장치로 발열소자를 감싸 발생되는 열을 외부로 빠르게 전달하여 배터리의 에너지 효율과 충·방전 시간을 단축할 수 있는 케이스 방식

배터리 모듈을 냉각장치가 적용되도록 하여 각 셀의 내부 및 외부 안전성을 높이며, 방열에 최적화되도록 제작하여 모듈의 사용이 다방면으로 이루어지도록 제작하는 방식
(예 : 태양광용 배터리, 일반 산업용 배터리 등)

배터리 셀 제작 시 기존 알루미늄 케이스를 대신하여 SUS를 적용한 냉각장치가 배터리 셀로 제작되어 방열 및 외부 충격, 내부 열화에 최적화된 배터리 셀을 제작하는 방식

사진 10.5 전기자동차에 사용할 수 있는 새로운 냉각시스템과 특징(기술의 차별성)

03 전기자동차의 종류 및 구조 특징

전기자동차는 고전압 배터리에서 전기에너지를 전기모터로 공급하여 구동력을 발생시키는 차량으로, 화석연료를 전혀 사용하지 않는 무공해 차량이다. 내연기관차와 달리 엔진 없이 배터리와 모터만으로 차량을 구동하며, 엔진이 없으므로 대기오염물질과 온실가스를 배출하지 않는다. 전기자동차는 배터리 용량에 따라 주행가능 거리에 차이가 있다.

(1) 전기자동차(EV, electric vehicle)

그림 10.4는 전기자동차(EV)의 내부 구조를 평면 개념도로 보여주고 있다. 배터리가 일반적으로 뒷자석 시트 및 트렁크(trunk) 하단부 밑에 실장되어 있다.

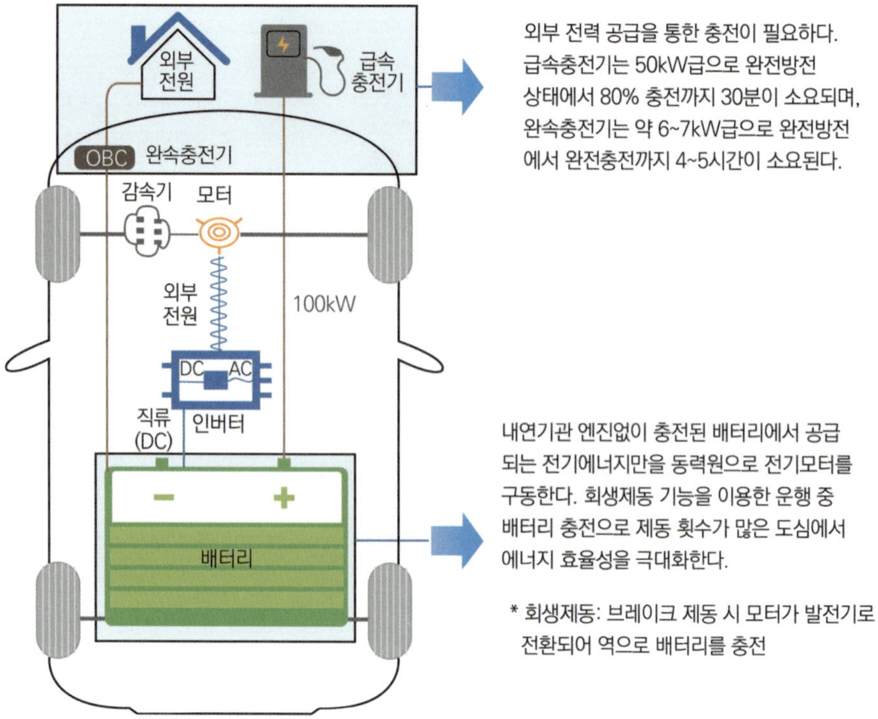

그림 10.4 전기자동차(EV)의 내부 구조

(2) 수소자동차(수소연료전지자동차, fuel cell electric vehicle, FCEV)

수소자동차는 수소와 공기 중의 산소를 직접 반응시켜 전기를 생산하는 연료전지를 이용하는 자동차이다. 물 이외의 배출가스를 발생시키지 않기 때문에 각종 유해 물질이나 온실가스에 의한 환경 피해를 해결할 수 있는 차세대 환경친화적 자동차이다. 내연기관차와 달리 엔진이 없이 베터리와 모터만으로 차량을 구동한다.

수소자동차는 내연기관차와 달리 엔진이 없으며, 전기자동차와 달리 전기공급 없이 내부에서 전기를 생산하여 구동하는 것이 특징이다. 그림 10.5는 수소자동차의 내부 구조를 평면 개념도로 보여주고 있다. 리튬-이온 배터리 또는 리튬인산철 배터리 대신 연료전지와 수소탱크가 뒷자석 시트 및 트렁크 하단부 밑에 실장되어 있다.

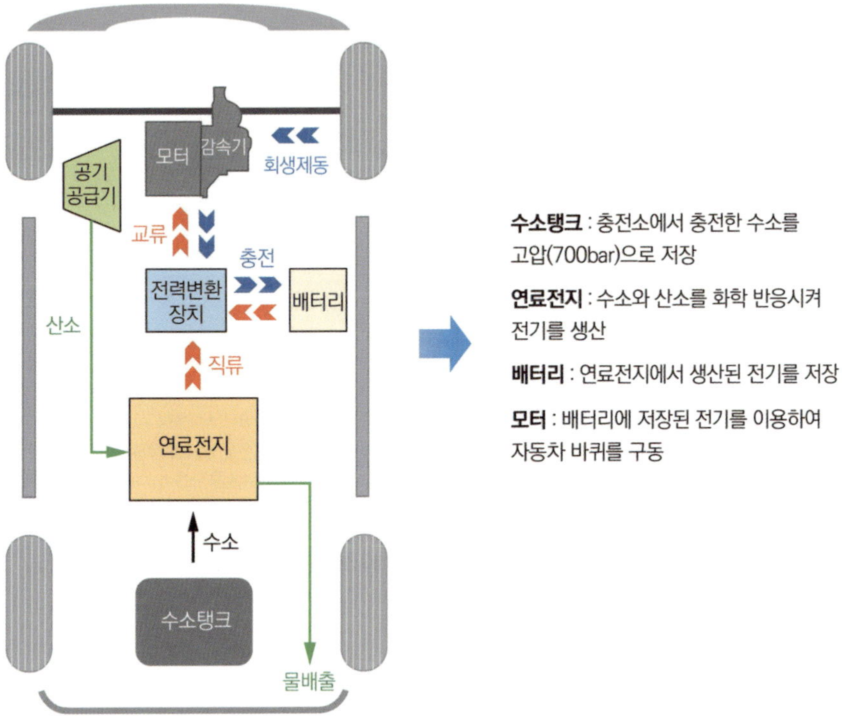

그림 10.5 수소자동차의 내부 구조

(3) 하이브리드(hybrid) 전기자동차(HEV)

하이브리드 전기자동차는 엔진과 모터동력을 조합하여 구동하는 자동차이다. 연료 소모는 최소화하면서 주행 성능은 극대화하기 위해 출발과 저속주행, 가속주행, 고속주행, 감속주행, 정지 등 5가지 주행 형태별로 모터주행과 엔진주행을 적절히 조합한 주행모드로 주행한다. 그림 10.6은 도로 주행환경에 따른 하이브리드 전기자동차의 주행 특성을 보여준다.

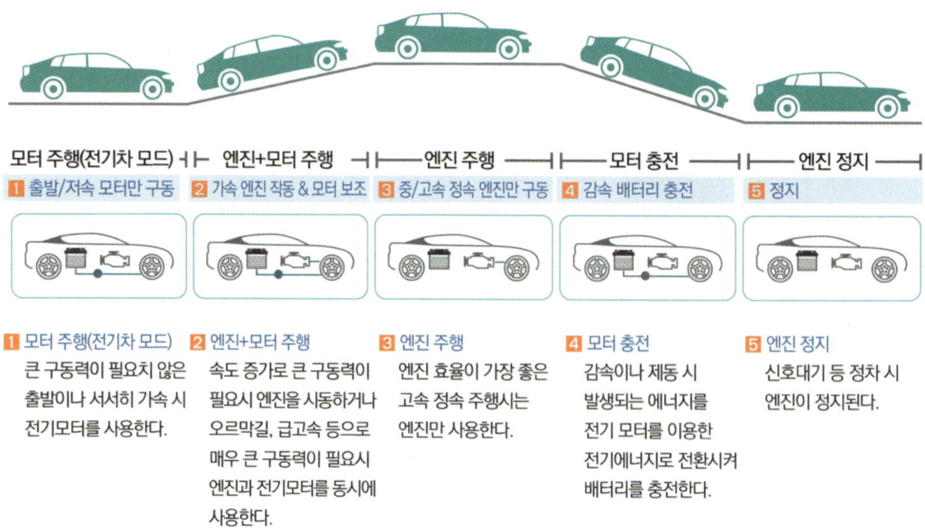

그림 10.6 도로 주행환경에 따른 하이브리드 전기자동차의 주행 특성

그림 10.7은 하이브리드 전기자동차의 내부 구조를 평면 개념도로 보여주고 있다. 배터리와 연료탱크가 뒷자석 시트 및 트렁크 하단부 밑에 실장되어 있다.

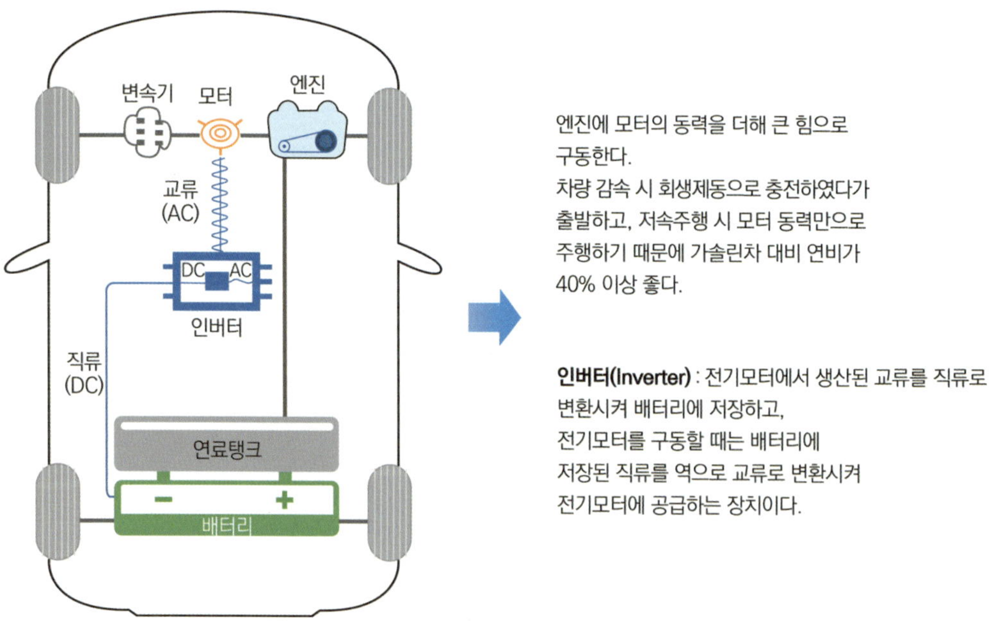

그림 10.7 하이브리드 전기자동차의 내부 구조

(4) 플러그인 하이브리드(plug-in hybrid) 전기자동차(PHEV)

플러그인 하이브리드 전기자동차는 엔진과 모터동력을 조합하여 차량을 구동하는 면에서 하이브리드 전기자동차와 동일하지만, 플러그인 하이브리드 전기자동차는 외부 전원을 연결하여 배터리를 충전할 수 있고, 하이브리드 전기자동차는 감속 시 생산한 전기만으로 충전한다는 점에서 다르다. 따라서 외부 전원으로 배터리를 충전할 수 있기 때문에 하이브리드 전기자동차보다 긴 구간을 모터만으로 주행할 수 있다.

배터리를 가득 충전한 후 출발하면 처음 40km 전후까지 배터리 전원의 힘만으로 가는 전기차 모드로 주행하고, 그 이후는 배터리 충전량을 일정 수준으로 유지하면서 하이브리드 모드로 주행한다. 그림 10.8은 도로 주행환경에 따른 플러그인 하이브리드 전기자동차의 주행 특성을 보여준다.

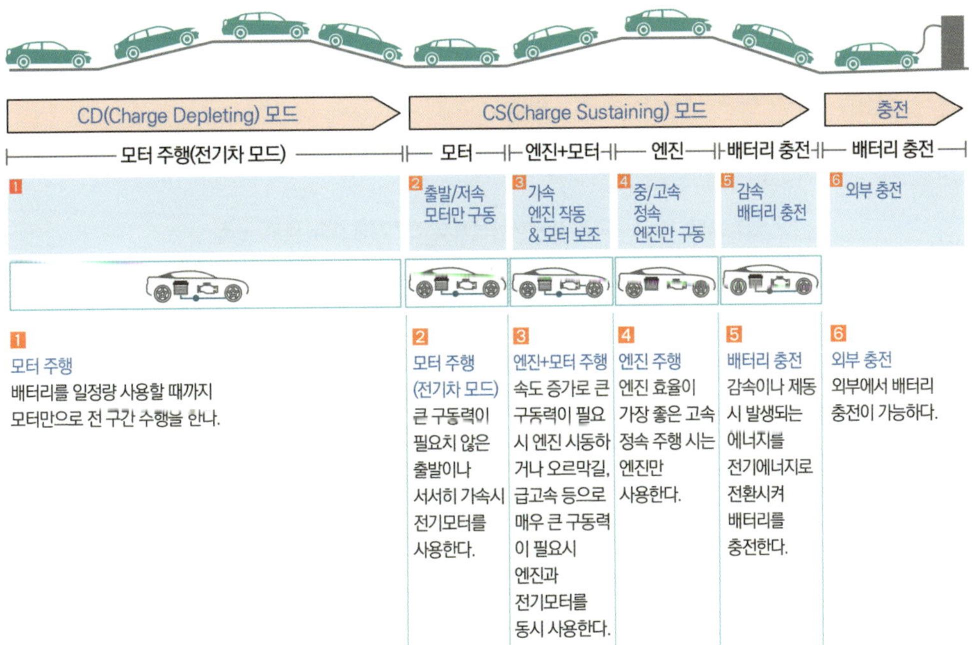

그림 10.8 도로 주행환경에 따른 플러그인 하이브리드 전기자동차의 주행 특성

그림 10.9는 플러그인 하이브리드 전기자동차의 내부 구조를 평면 개념도로 보여주고 있다. 배터리와 연료탱크가 뒷자석 시트 및 트렁크 하단부 밑에 실장되어 있다. 특징은 외부 전원을 연결하여 배터리를 충전할 수 있도록 앞부분에 OBC(On Board Charger) 완속충전기가 내부에 실장되어 있다.

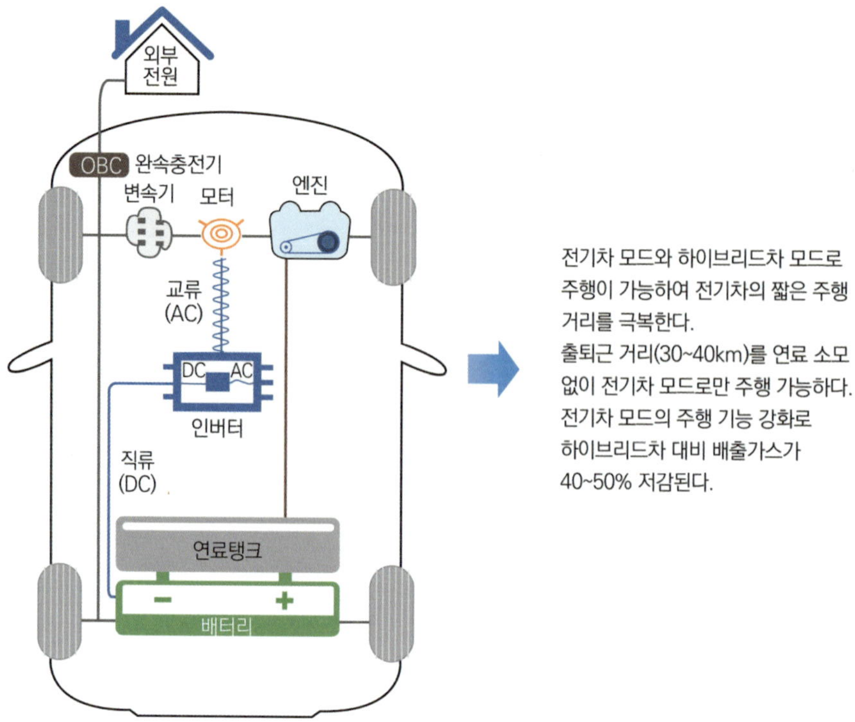

그림 10.9 플러그인 하이브리드 전기자동차의 내부 구조

04 전기자동차의 배터리팩과 냉각

사진 10.6은 전기자동차의 배터리팩(battery pack)을 구성하는 구성 요소이다. 사진 10.6(a)는 배터리 셀(cell)과 보호회로(BMS, Battery Management System) 등이 결합된 모듈이고, (b)는 외장 케이스로 조립된 배터리팩(battery pack)이다.

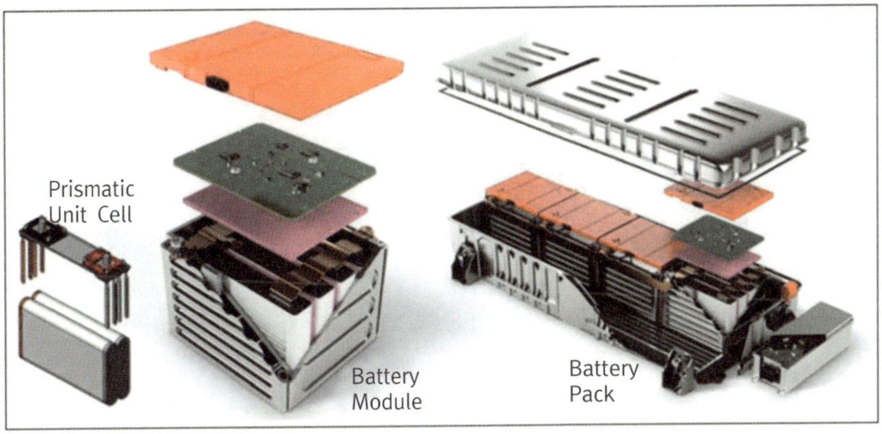

(a) 배터리 모듈 (b) 배터리팩(battery pack)

사진 10.6 전기자동차의 배터리팩(battery pack)의 구성 요소

그림 10.10은 전기자동차가 주행 시 배터리에서 발생하는 열발산을 냉각시키는 냉각시스템의 구성도이다.

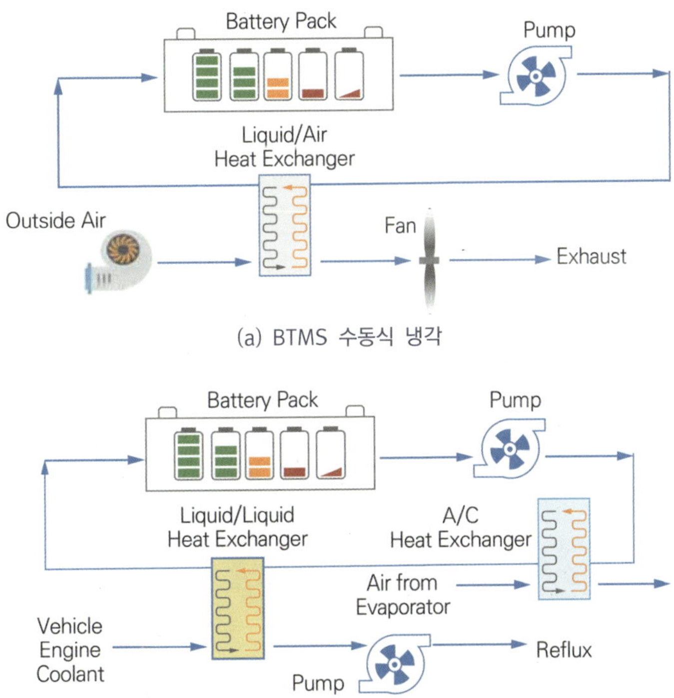

그림 10.10 전기자동차 냉각장치의 구성도(개념도)

CHAPTER 11

냉각장치 기술분석 및 요점 정리

01 차세대 스마트폰 냉각기술-Loop Liquid Cool 기술

(1) 기술 요약

중국 샤오미(Xiaomi)가 발표한 신기술 루프 리퀴드 쿨(loop liquid cool)기술은 모세관 효과에 의하여 냉각수를 열원으로 끌어들인 다음 더 시원한 영역으로 분배한다. 이 기술에는 증발기, 응축기, 재분배 챔버 및 가이드 튜브로 구성된 환형 히트 파이프 시스템이 포함된다.

이 기술은 일반적인 히트 파이프 또는 증발 챔버와 유사하지만, 샤오미의 새로운 폼 팩터(form factor, 기기형태)가 가스, 액체와 같은 부피로 혼합되지 않기 때문에 더 효율적이다(그림 11.1 참조).

(a) 순환형 히트 파이프시스템

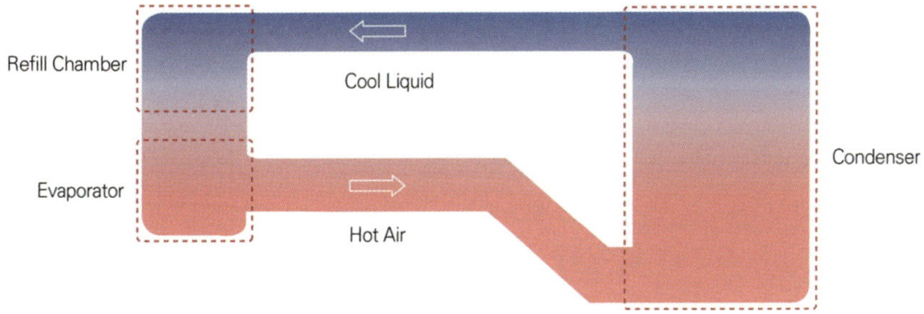

(b) 루프 리퀴드 쿨(loop liquid cool)의 냉각원리

그림 11.1 중국 샤오미(Xiaomi)가 발표한 루프 리퀴드 쿨 냉각기술

(2) 기술 동향

단방향 고효율 순환을 보장하려면 리필 챔버 내에 테슬라(tesla) 밸브 구조를 구현하는 것이 중요하다. 샤오미는 2022년 하반기에 루프 리퀴드 쿨기술을 자사 제품에 도입하는 것을 목표로 했다.

02 발열의 냉각기술(냉각시스템)-히트 파이프

(1) 발열의 냉각기술(냉각시스템)의 필요성과 히트 파이프(heat pipe)

1) 개발 배경

드물지만 스마트폰의 폭발로 인한 화재사고는 거의 배터리 문제로부터 발생한다. 스웰링(swelling)은 리튬-이온 배터리(Li-ion battery) 내부에 이온 전해액이 기화되어 가스가 발생해 부풀어 오르는 현상으로, 불량이나 배터리 노후화에 의해 일어난다. 이런 스웰링 현상으로 인해 성능 저하 문제가 발생한다. 또 다른 원인으로는 배터리에 가해진 외부의 힘(압력, 충격 등)이다. 이를 해결하기 위한 방안으로 히트 파이프, 방열 시트(그래핀), 펠티어 소자, 제베크 효과, 히트 싱크 등의 냉각기술이 개발되었다.

2) 기술 요약

히트 파이프(heat pipe)는 방열 성능을 높이기 위한 냉각장치기술이다. 1942년 미국 GM사의 고글러(Gaugler)에 의해 작동 원리가 처음 고안되었고, 1960년대 중반부터 미국 및 유럽에서 그 연구와 개발이 본격화되었으며, 1962년 미국 NASA(항공우주국)에서는 우주선 내부 열을 방출하기 위해 적용되기도 하였다. 히트 파이프는 열전도와 확산에 탁월한 구리 소재로 한 내부 열분산 설계기술이다. 일본의 NEC사가 2013년 5월에 세계 최초로 히트 파이프 탑재 스마트폰 Medias X를 발표했으며, LG전자의 경우 G6(판매일 2017년 3월) 스마트폰에 처음으로 히트 파이프를 적용했다. 이는 주요 발열원인 AP 온도를 6~10%까지 낮추고 심한 발열을 미리 막을 수 있도록 LG에서는 AP 다음으로 가장 많이 열이 발생하는 드라이버 IC(직접회로)와 AP의 거리를 최대한 확보해 열이 기기 내부에서 고르게 분산되도록 설계를 변경했다(그림 11.2와 사진 11.1 참조).

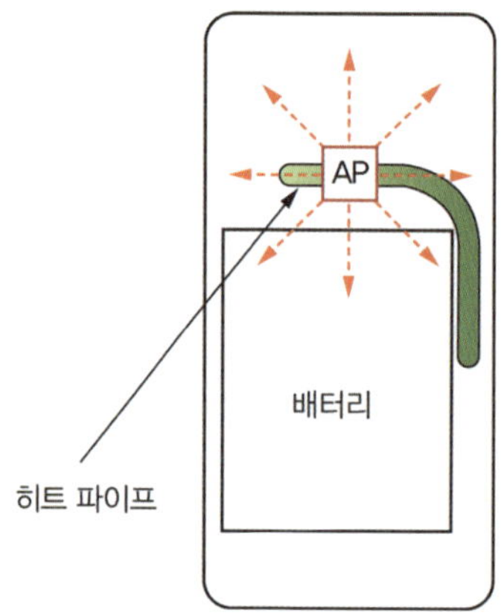

그림 11.2 LG 스마트폰에 적용된 히트 파이프의 평면 배치도(설계 개념도)

사진 11.1 LG 스마트폰 V40 ThinQ 히트 파이프 적용 모습(실제 제품)

(2) 히트 파이프의 핵심 기술

그림 11.3과 같이 히트 파이프는 금속관 내부가 진공처리되어 있고 작동유체가 들어있는 형태의 열전도체이다. 히트 파이프 원리의 개념도와 같이 어느 한 부분(왼쪽)에 열이 가해지면 액체상태의 작동유체가 증발하게 되고, 이로 인해 압력차이가 발생하게 되며, 증발한 기체는 압력차로 인해 반대쪽(오른쪽)으로 이동한다. 반대편(오른쪽)은 상대적으로 온도가 낮아 증발된 작동유체가 열을 외부로 방출하고, 증발된 기체가 다시 액체로 변한다(방열). 액체로 변한 작동유체는 파이프 내경부(내부)의 윅(wick, 금속 심지)을 따라 원래 위치로 복귀하며 순환한다(냉각).

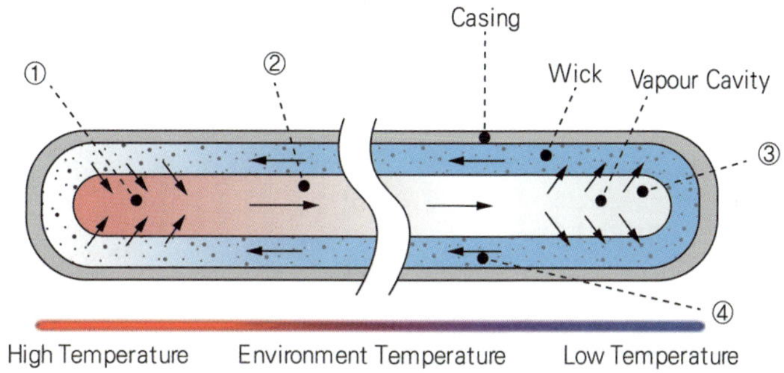

그림 11.3 히트 파이프 원리의 개념도

구리관 안에 들어있는 0.5mg의 물로 AP가 달아올라 구리관 온도가 상승하더라도 구리관 속 물의 비열이 높아 내부 과열을 조절할 수 있다. 즉, 극소량의 물이 기체와 액체상태를 반복하며 과열을 막는다.

사진 11.2는 삼성 스마트폰 갤럭시 노트9에 적용된 히트 파이프를 절단한 사진이다. 여기서는 메쉬형(mesh) 윅(wick, 금속 심지)을 사용했음을 확인할 수 있다.

사진 11.3은 히트 파이프 내부의 윅의 종류를 나타내고 있다. 왼쪽부터 그루브형(홈이 파진 형상), 메쉬형(철망구조 형상), 소결형(燒結, 가루상태의 물질을 어떤 형상으로 압축한 것을 녹는점 이하의 온도에서 가열하였을 때, 서로 엉기어 굳어지는 현상이다. 합금 제작, 강철 제조, 세라믹 제조 등에 이용된다)이다.

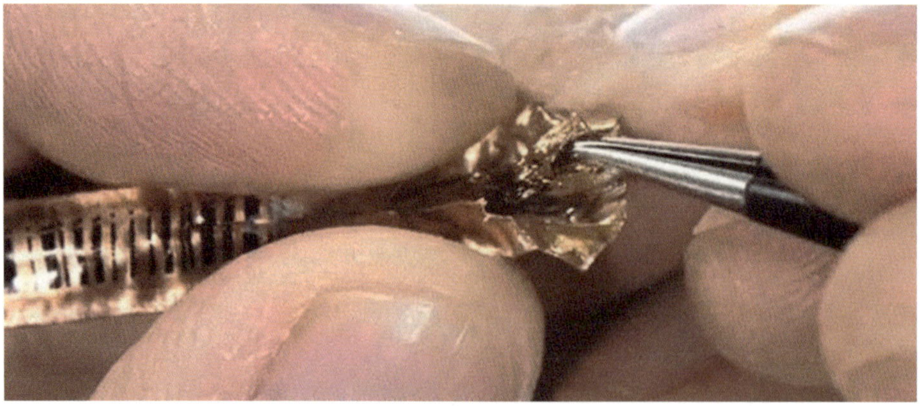

사진 11.2 삼성 갤럭시 노트9의 히트 파이프 내부 절단 모습(메쉬형)

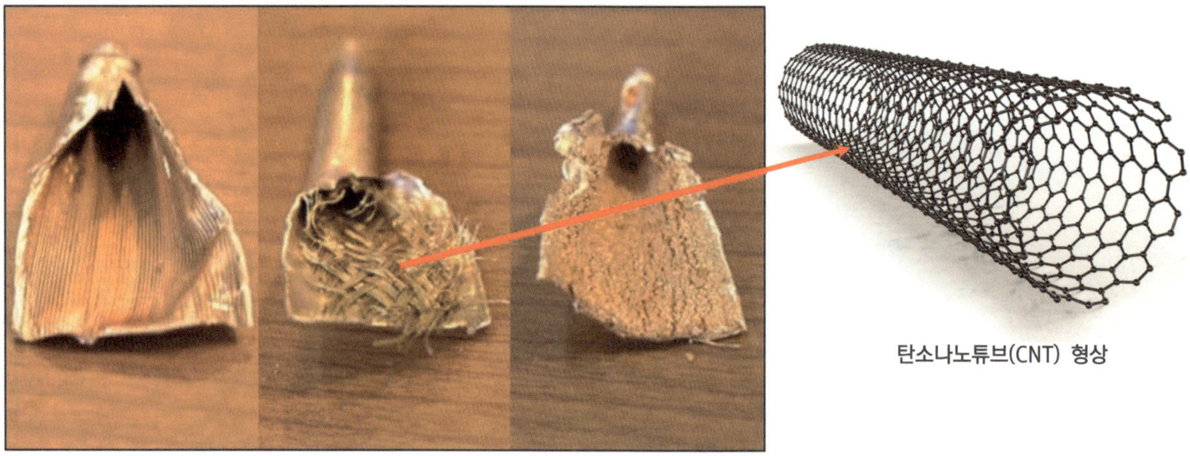

(a) 그루브형(groove type) (b) 메쉬형(mesh type) (c) 소결형(sintering type)

사진 11.3 히트 파이프 내부의 윅(wick)의 종류

03 발열의 냉각기술(냉각시스템)-베이퍼 챔버(체임버)

베이퍼 챔버(vapor chamber)는 축을 따라서만 열을 전달하는 히트 파이프와 달리 더 넓은 면적의 소스(source)에서 열을 수집하고, 확산하거나 냉각을 위해 콜드 레일로 전달하는 데 사용된다. 일반적으로 열유속이 높은 응용분야 또는 진정한 2차원 확산 또는 맞춤형 방향의 높은 전도성만 필요할 때 사용된다.

그림 11.4와 같이 베이퍼 챔버(체임버)는 평면형 히트 파이프로, 열을 2차원으로 확산시킬 수 있다.

일반적으로는 상대적으로 작은 증발기 영역에서 고출력 및 열유속이 적용될 때 사용된다. 작동 중 증발기로 입력된 열은 증발기 심지(윅, wick) 내의 액체를 증발시킨다. 그런 다음 증기는 챔버 전체로 흐르고 등온 열확산기를 만들게 된다. 증기는 응축기 표면에서 응축되어 열이 강제 대류, 자연 대류 또는 액체 냉각에 의해 제거된다. 심지의 모세관 힘은 응축수를 증발기로 되돌린다. 대부분의 증기 챔버는 중력에 민감하지 않으며 증발기가 응축기 위에 있는 상태에서 뒤집어도 작동한다.

베이퍼 챔버는 열유속 변압기로 사용이 가능하고, 전자칩이나 레이저 다이오드에서 높은 열유속을 냉각하고, 자연대류 또는 강제대류로 제거할 수 있는 낮은 열유속으로 변환할 수 있다는 특징이 있다.

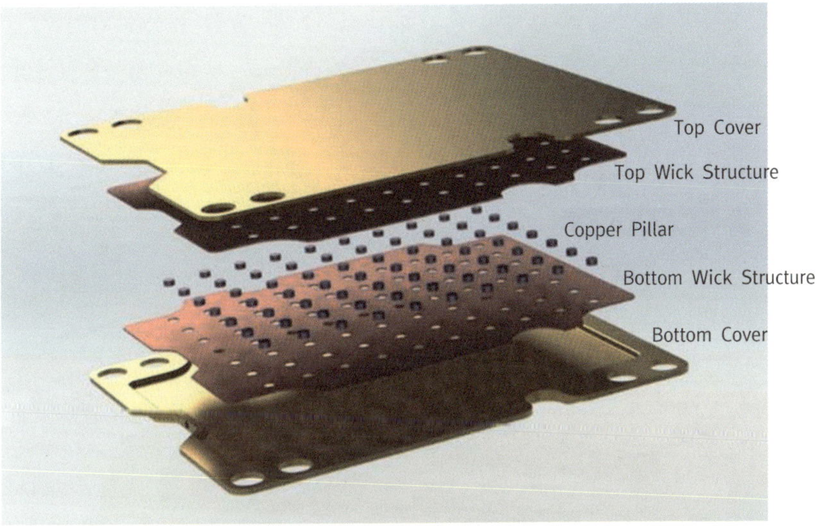

(a) 베이퍼 챔버 구성 요소

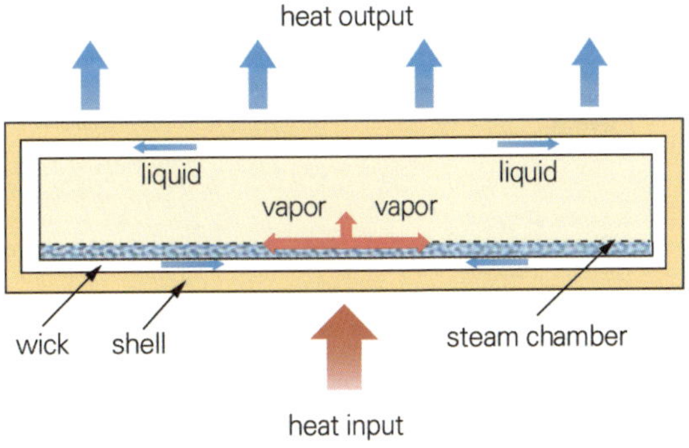

(b) 베이퍼 챔버 원리

그림 11.4 베이퍼 챔버(체임버) 원리의 개념도

그림 11.4(a)에서 보여준 베이퍼 챔버(체임버)의 주요 구성 요소를 확대해 조립에 관해 자세히 설명하면 그림 11.5와 같다.

베이퍼 체임버 어셈블리(assembly, ass'y) 또는 모듈(module)은 금속 판재인 톱 커버(top cover, 위 덮개)와 바톰 커버(bottom cover, 아래 덮개)로 조립된다. 내부에는 증발된 기화열을 대류시킬 때 열을 빼앗아 액화가 되도록 하는 금속 재질의 위 심지(top wick structure)와 아래 심지(bottom wick structure) 2개가 동(Cu) 재질로 된 원통형 기둥(copper pillar)에 끼워져 서로 결합되어 있다. 2개의 금속 심지가 톱 커버와 바톰 커버에 고정·장착되어 조립된다.

이때 2개의 심지 간의 높이차는 원통형 기둥(copper pillar)의 높이에 의해 결정된다. 최종적으로 톱 커버와 바톰 커버로 베이퍼 챔버의 조립체가 결합되고, 결합 후 둘레가 용접되어 기밀(밀봉)을 유지한다. 그리고 밀봉된 어셈블리를 진공상태로 만들고 나서 최종적으로 냉각수를 주입하게 된다.

구체적이고 자세한 설계 기법, 공정과 제조 방법은 저자가 베이퍼 챔버 냉각장치의 개발에 참여하고 기술자문을 한 특허발명 12장 '배터리팩 방열장치 및 그 제조 방법'을 참고하길 바란다.

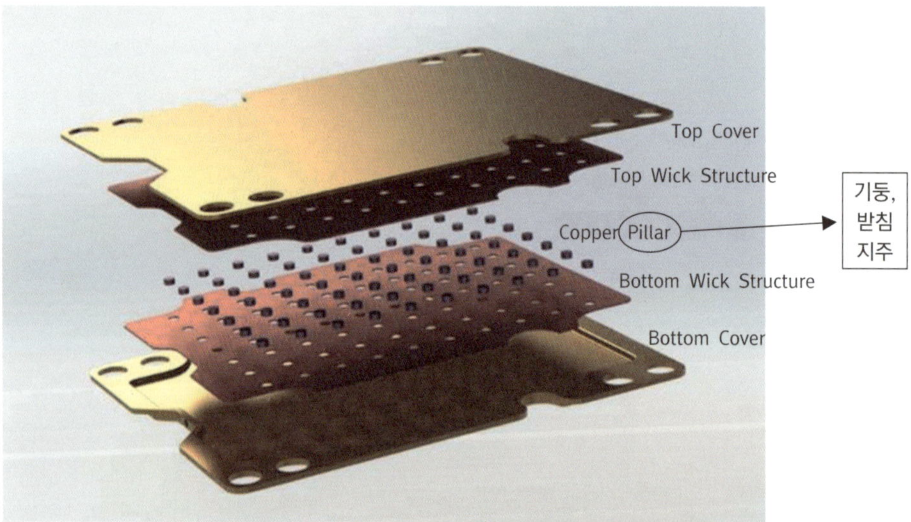

그림 11.5 베이퍼 챔버 구성 요소와 조립의 설명

04 발열의 냉각기술(냉각시스템)-히트 스프레더

(1) 히트 스프레더의 구조

히트 스프레더(heat spreader)는 방열기로서 구리(Cu) 재질로 만들어진 얇은 판으로, 부피를 작게 할 수 있어서 소형, 박형 IT기기의 냉각장치로 적용된다. 또한 열전도율이 매우 높아 효과적으로 넓은 면적의 열을 확산시켜 냉각시킬 수 있다. 이때 구리는 부식이 잘되므로, 보통 크롬(Cr)과 같은 내마모성과 내부식성이 강한 재질로 도금을 한다. 발열이 심한 CPU 같은 집적회로의 냉각에 쓰일 경우 크롬 도금이 되어 있는데, 이는 부식 방지의 목적보다는 절연과 전자파(EMI) 차단(차폐) 목적이 더 강하다. 사진 11.4는 반도체 SDRAM을 감싸고 있는 히트 스프레더가 결합된 예이다.

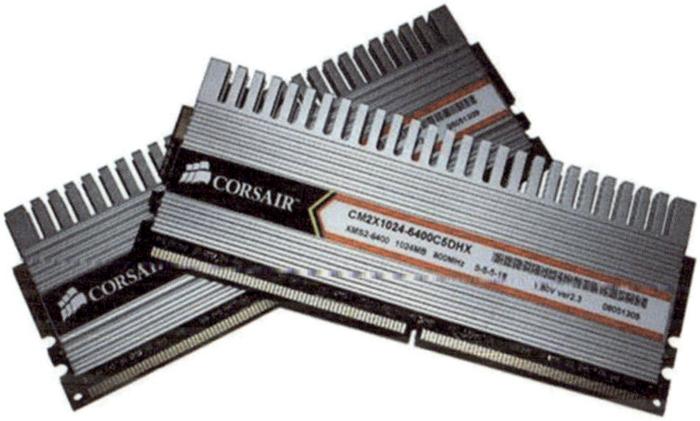

사진 11.4 히트 스프레더가 결합된 SDRAM

기존의 판형 히트 파이프는 증기유로 공간이 확보되어야 함으로써 제작할 경우 사각 단면의 케이스(case)가 압착되어 변형이 발생된다. 이를 방지하기 위하여 케이스의 두께를 1mm로 하여 전체 두께를 5mm 정도로 제작하는데, 이 경우 두께가 얇은 전자장비에 적용할 수 없게 된다. 이와 같은 단점을 보완하기 위해 사각 케이스 한쪽 면에 액체유로를, 반대 면에는 케이스를 지지하면서 증기유로를 형성하여 판형 히트 파이프를 제작하는 방법들이 제시되고 있다. 이와 같은 구조를 사용하여 2mm 이하의 두께를 갖는 판형 히트 파이프의 제작에 성공하였으나, 이 방법들은 가공비를 증가시키고, 임의의 형상을 구현하는데 어려움을 가진다.

이를 극복하기 위해 그림 11.6과 같이 스크린 메쉬(screen mesh)를 사용하여 증기유로 및 액체유로를 동시에 형성함으로써 단위 면적당 냉각 능력이 뛰어나고, 얇은 두께와 임의의 형상 구현이 가능한 히트 스프레더를 제시하였다.

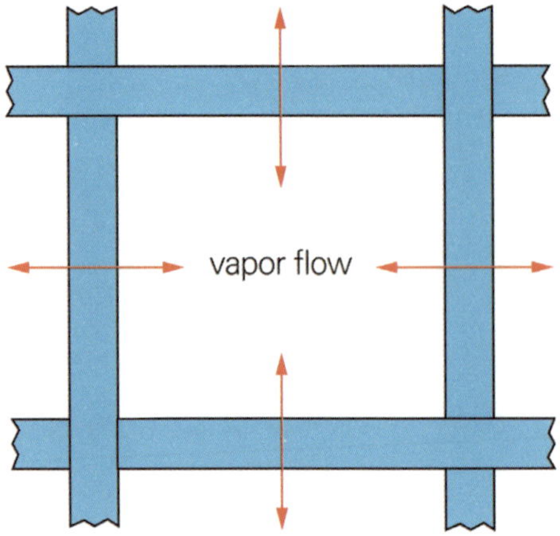

그림 11.6 스크린 메쉬 개략도

(2) 히트 스프레더의 작동 원리

히트 스프레더는 기본적으로 그림 11.7과 같이 증발부와 액체유로 역할을 하는 윅(wick) 구조, 증기유로의 역할을 하는 스크린 메쉬(screen mesh) 및 이를 둘러싸는 케이스(case)와 케이스 내부에 충전되는 작동유체로 구성된다. 윅 구조는 모세관력을 발생시킬 수 있는 구조면 어느 재질이나 가능하며, 스크린 메쉬의 경우 강성을 갖는 와이어(wire)가 상하로 겹치면서 직조된 구조로 구성된 것이 면 어느 재질이나 사용 가능하다.

케이스는 사용 목적에 따라 다양한 재질을 사용할 수 있으며, 작동유체는 사용 목적 및 작동 온도 범위에 따라 선정될 수 있다. 이와 같은 히트 스프레더의 구성 요소들은 서로 반응하여 불응축 가스를 방출하지 않도록 재질의 선정이 이루어져야 한다.

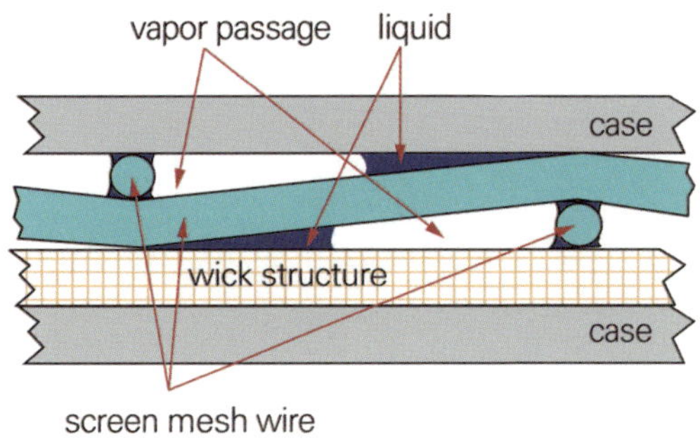

그림 11.7 히트 스프레더의 설계구조도(조립구조도)

히트 스프레더는 열원으로부터 열을 받아 내부에서 방열하는 냉각원리로 작동되고 있다. 내부에 진공을 유지하면서 냉각수를 채우기 위해서는 핵심 제조기술도 필요하다.

히트 스프레더는 휴대용 기기(스마트폰, PDA, 태블릿 PC), 컴퓨터(노트북 PC CPU 냉각용), 디스플레이 디바이스(OLED, LCD, PDP, Beam Projector, High Performance Chips) 등에 적용된다.

그림 11.8(a)는 히트 스프레더의 작동 원리 개념도이고, (b)는 히트 스프레더가 결합된 CPU의 예이다.

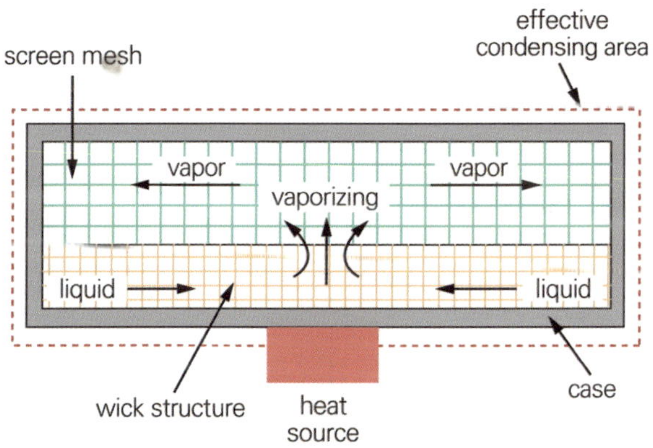

(a) 히트 스프레더의 작동 원리 개념도

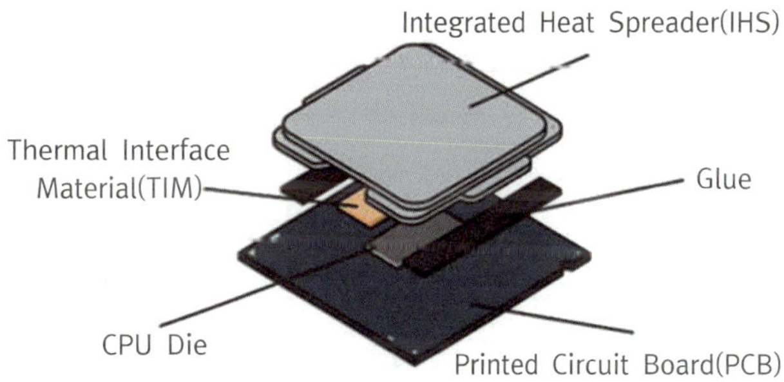

(b) CPU에 결합된 히트 스프레더

그림 11.8 히트 스프레더 작동 원리와 적용 사례(CPU)

05 기타 발열의 냉각기술(냉각시스템)

(1) 방열용 소재

방열용 재질(소재)은 크게 그라파이트(graphite, 흑연)와 그래핀(graphene)으로 나눌 수 있다.

1) 그라파이트(graphite)

방열을 위한 방열 시트로 그라파이트 시트(graphite sheet)를 사용한다. 이는 면방향의 열전도율이 알루미늄, 구리보다 뛰어나고(면방향의 열확산성은 구리의 3배 이상), 두께방향의 열전도율은 실리콘 제품보다 높은 특징이 있다. 또한 면 전체에 균일하게 열을 확산하므로 시트 전체가 고온 또는 저온으로 유지되는 특징이 있다. 그림 11.9는 그라파이트의 열전도 방향의 특성으로 종(세로)방향뿐만 아니라 횡(가로)방향으로의 방열(열방출 · 열방사) 특성을 보여주고 있다.

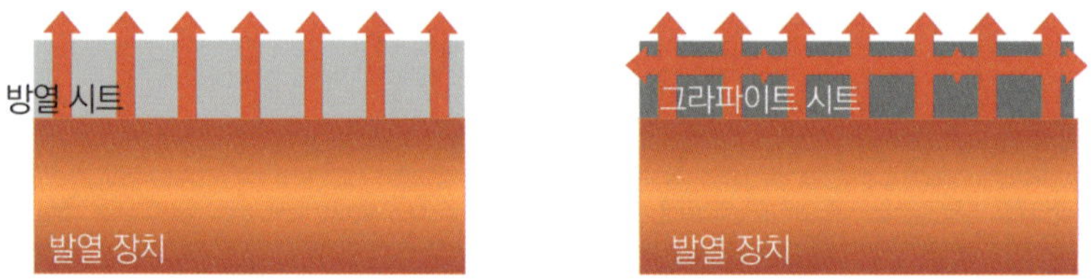

(a) 기존 방열 시트 (b) 그라파이트 방열 시트

그림 11.9 그라파이트의 횡방향 방열 특성(열전도 방향)

종래 방열 히트 싱크는 종방향(세로방향)으로만 열이 발산되었지만, 그라파이트 시트는 종방향뿐만 아니라 횡방향(가로방향)으로의 열발산 특성을 함께 갖고 있어, 그만큼 열전도 효율이 높아 방열 특성도 더 우수하다(그림 11.10 참조).

	은	동	알루미늄	그라파이트
열전도율 (W/m·K)	400	390	230	500

(a) 우수한 열전도율을 갖는 금속 재질의 비교

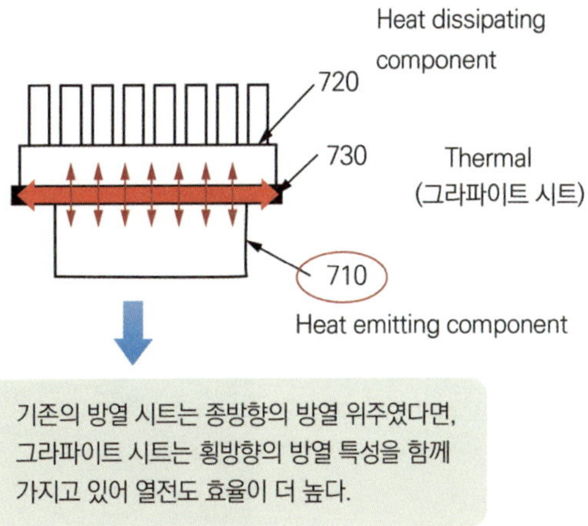

(b) 그라파이트의 열전도 방향

그림 11.10 그라파이트의 열전도율과 열전도 방향 특성

2) 그래핀(graphene)

그래핀(graphene)은 흑연에서 분리해 낸 한 층의 탄소층으로, 구리보다 1,000배 빠른 전도성, 강철보다 200배 강한 강성, 가벼운 무게 등의 특징을 갖는다. 또한 전기저항이 없고 얇다는 특징이 있다. 방열 성능은 아주 우수하지만 가격이 비싼 것이 단점이다.

그래핀 방열 시트를 스마트폰(삼성 갤럭시 S5 기준)에 부착하면 약 5,000W/m·K의 열전도율을 갖고, 일반 방열 시트와 비교하면 약 10배 차이의 방열성능 향상을 보인다. 또한 스마트폰의 무게 증가가 거의 없다.

사진 11.5(a)는 그래핀의 격자 구조이다. 그래핀은 CNT(carbon nanotube, 탄소 나노튜브 : 탄소로만 이루어진 물질로 육각형 벌집 모양의 얇은 막인 그래핀을 둥글게 말아서 만든 원통 형태의 나노 분자)를 이루는 전형적인 구조이다. (b)는 그래핀의 우수한 방열 성능을 보여준다. (c)는 그래핀을 결합한 히트 파이프의 사용 예를 보여준다.

(a) 그래핀의 격자 구조

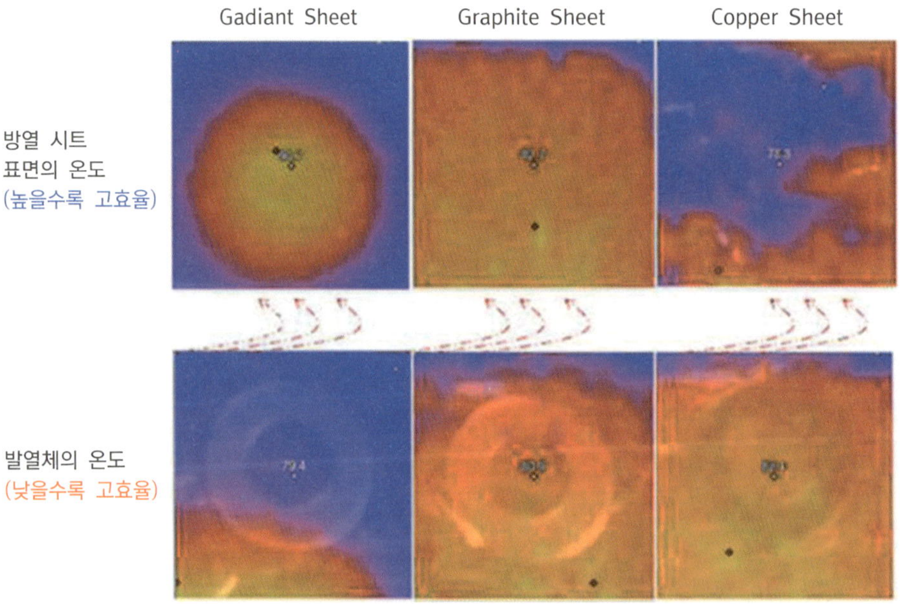

(b) 열저감 비교(좌측 그래핀, 중앙 그라파이트, 우측 구리 시트)

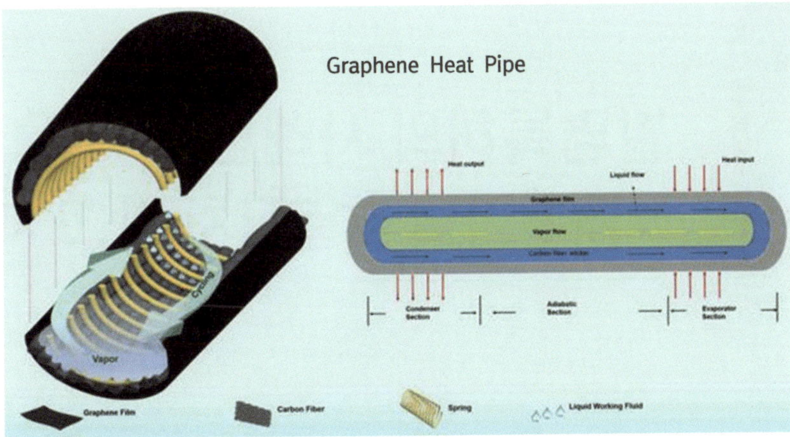

(c) 그래핀을 결합한 히트 파이프

사진 11.5 그래핀의 격자 구조와 방열 성능 그리고 사용 예

CHAPTER 12

발명특허의 사례연구 - 배터리팩 방열장치 및 그 제조 방법

01 발명특허의 개요

모빌리티(mobility)는 전기자동차(EV, electric vehicle)를 비롯한 마이크로 모빌리티(micro mobility, 소형 전기차) 그리고 퍼스널 모빌리티(personal mobility, PM, 개인이동수단)로 구분한다. 전기자동차를 비롯한 PM이 요즘 친환경 이동수단으로 크게 부각되고 있다. 공유서비스로 널리 이용되고 있는 PM은 전동바이크(electric motor driven bike, e-bike), 전동킥보드(electric motor driven kickboard), 전동스쿠터, 전기자전거, 전동휠(세그웨이, 나인봇) 등을 포함하는 개인이동수단으로 주목받는 1인용 전동이동수단이다. 퍼스널 모빌리티(PM)라고 일반적으로 부르며, 스마트 모빌리티(smart mobility) 혹은 마이크로 모빌리티(micro mobility)라고도 한다.

배터리 전기충전 및 동력기술이 융합된 개인이동수단으로 모터에 의하여 구동된다. 동력이 전기이기 때문에 환경 오염물질을 배출하지 않는 친환경적이고, 소음도 없다. 특히 유지비도 아주 저렴하다. 1인가구의 확대, 근거리 이동수단, 출퇴근용, 레저용으로 용도가 확대되고 있으며, 값싼 유지비용 등으로 새로운 교통수단으로 필요성이 증가하면서 더욱 주목을 받고 있다.

또한 플랫폼(platform) 비즈니스에 있어 배달수단으로 그 용도가 점점 증가하고 있다. 플랫폼 경제는 '승강장'을 뜻하는 플랫폼과 경제를 합친 말로, 디지털 네트워크를 기반으로 상품 및 서비스를 거래하는 활동이다. 대중화된 스마트폰이 플랫폼 경제를 폭발적으로 확대하고 증가시켰다.

빅데이터와 인공지능(AI) 인프라를 바탕으로 기존 산업구조를 빠르게 대체하고 있으며, 혁신으로 새로운 가치를 창출하기도 하지만 독과점 등 부작용을 낳기도 한다. 그리고 전기자동차의 수요도 계속 증가되고 있다. 배터리 등 일부 기능에서 문제점도 있지만, 친환경으로 대표되는 과학과 공학 기술의 창출물인 이동수단이기에 발전과 더불어 성장 속도도 매우 빠르다.

여기서는 가장 문제로 제기되는 배터리의 방열장치, 즉 냉각시스템에 대한 특허기술을 소개하고자 한다. 제 1장에서 스마트폰을 예시로 하여 자세히 설명하였듯이, 퍼스널 모빌리티에 있어서도 충·방전이 되는 2차 전지배터리에 의해 모터가 구동하는 전기를 공급받기 때문에 배터리(Li-ion 또는 리튬인산철 등)는 가장 중요하고 핵심적인 모듈이다.

오랜 기간 배터리의 성능과 품질을 보장하고 수명을 유지하기 위해서는 배터리에서 발생하는 열을 효율적으로 발산시키거나 냉각시켜 열화를 방지하거나 최소화하는 배터리팩의 방열장치 또는 냉각장치 및 시스템의 기술개발이 필요하다. 따라서 여기서는 퍼스널 모빌리티를 비롯한 여러 산업분야에 활용할 수 있는 배터리팩(battery pack) 냉각장치와 시스템을 개발하고 설계한 구체적인 기술개발 내용을 기반으로 하여, 이를 좀 더 보완하고 개량한 '배터리팩 방열장치 및 그 제조 방법'에 대하여 설명하도록 한다.

저자가 개발에 참여하고 기술적 자문을 한 배터리팩 냉각장치 및 시스템에 관한 전반적 기술내용을 담은 "배터리팩 방열장치 및 그 제조 방법"에 관한 특허기술을 스케일업(scale-up)하고 성능을 좀 더 보완하면 PM은 물론 전기자동차용 냉각장치로도 활용이 가능하리라 생각한다.

02 특허 명세서(출원번호: 10-2020-0102164)

(1) 발명의 명칭 및 출원인

배터리팩 방열장치 및 그 제조 방법{Heat Dissipating Device For Battery Pack And Method Of Manufacturing The Same}

- 출원인: (주)피엠모터스

(2) 기술분야

본 발명은 배터리팩에서 발생하는 열을 방열시키는 배터리팩 방열장치 그 제조 방법에 관한 것으로, 더욱 상세하게는 스테인리스 재질의 상부판과 하부판을 맞대어 브레이징 용접을 이용하여 접합하고, 상부판과 하부판 사이의 내부 공간을 진공화시킨 후 작동유체로서 순수한 물을 충진함으로써 방열 효율을 향상시킬 수 있는 배터리팩 방열장치 그 제조 방법에 관한 것이다.

(3) 발명의 배경이 되는 기술

현재 에너지 소비가 적고 환경오염을 줄일 수 있는 보다 친환경적인 전기차에 대한 관심이 집중되고 있다.

일반적으로 전기차는 전기공급을 위한 복수의 배터리 셀들이 적재된 배터리팩(battery pack)을 포함한다. 이러한 배터리팩은 차량 운행 중에 내부 배터리 셀을 충전 및 방전하는 과정에서 열이 발생하고, 이와 같은 열을 효과적으로 외부로 방출하지 못하면 배터리의 온도가 급격하게 상승하여, 심한 경우 배터리 화재나 폭발로 이어져 전기차 운전자나 탑승자에게 위험을 초래할 수 있다.

따라서 전기차용 배터리팩의 내부에는 배터리 셀에서 발생하는 열을 냉각하기 위한 냉각핀을 갖추고 있는데, 기존에 알려진 대부분의 배터리팩 냉각핀은 알루미늄으로 제작되어 열전도도는 높지만, 가격이 상대적으로 비싸고, 알루미늄의 무른 특성으로 제작과정에서 미세한 스크래치 결함이 발생할 가능성이 높았다.

더욱이 기존 전기차용 배터리팩의 경우, 알루미늄 냉각핀이 배터리 셀의 냉각에 필요한 범위 이상으로 과도하게 배터리 셀을 덮는 구조로 되어 있어, 소재 비용이 증가하고, 배터리팩의 중량도 증가하는 문제가 있기 때문에 이에 대처할 수 있는 기술이 절실히 요구되고 있다.

(4) 선행기술문헌

1) 특허문헌

(특허문헌 1) [문헌 1] 한국등록특허 제10-1526389호(2015.06.01. 등록)

2) 비특허문헌

(비특허문헌 1) 없음

(5) 발명의 내용

1) 해결하고자 하는 과제

상기와 같은 종래의 문제를 해결하기 위한 본 발명의 목적은 스테인리스 재질의 상부판과 하부판을 맞대어 브레이징 용접을 이용하여 접합하고, 상부판과 하부판 사이의 내부 공간을 진공화시킨 후 작동유체로서 순수한 물을 충진함으로써 방열 효율을 향상시킬 수 있는 배터리팩 방열장치 및 그 제조 방법을 제공함에 있다.

2) 과제의 해결 수단

상기 목적을 달성하기 위한 본 발명에 따른 배터리팩 방열장치는, 배터리 셀을 구비한 배터리팩에 접촉하는 금속 재질의 하부판; 상기 하부판에 결합되어 내부 공간을 형성하고 상기 하부판과 동일한 금속 재질의 상부판; 상기 하부판과 상부판에 의해 형성되는 내부 공간에 설치된 보강 구조물; 상기 내부 공간에 충진되는 작동유체를 포함하되 상기 하부판의 플랜지와 상기 상부판의 플랜지의 접촉면을 맞대어 브레이징 용접을 이용하여 접합시킴으로써 내부 공간을 밀봉하는 것을 특징으로 한다. 또한 상기 보강 구조물은 스테인리스 재질의 금속망으로 성형하는 것을 특징으로 한다.

또한 상기 하부판의 내면과 상기 상부판의 내면에 각각 열압착으로 부착되고 스테인리스 재질로 성형되는 금속메쉬층을 포함하고, 상기 금속메쉬층은 80mesh~200mesh 금속망인 것을 특징으로 한다.

상기 상부판과 하부판은 스테인리스 재질로 성형하고, 상기 브레이징 용접이 적용되는 상기 상부판과 하부판의 접합부에 Ni 또는 Ni계 합금으로 도금하며, 상기 브레이징 용접 시 분위기 온도는 700~900℃인 것을 특징으로 한다.

또한 상기 브레이징 용접을 실시한 후 진공펌프를 이용하여 내부 공간을 진공화하는 경우, 상기 내부 공간의 진공도는 10^{-2}Torr인 것을 특징으로 한다.

상기 작동유체는 순수한 물을 사용하며, 상기 순수한 물은 전체 내부 공간에 대해 25~40%를 차지하는 것을 특징으로 한다.

상기 목적을 달성하기 위한 본 발명에 따른 배터리팩 방열장치의 제조 방법은, 금속 재질의 하부판과 상기 하부판과 동일한 금속 재질의 상부판을 맞대어 접합 시 내부 공간을 형성할 수 있도록 상부판과 하부판을 절곡 벤딩하는 단계; 상기 상부판의 내면과 하부판의 내면에 금속메쉬층을 열압착으로 부착하고, 상기 상부판과 하부판 사이에 형성된 내부 공간에 보강 구조물을 고정 설치하는 단계; 상기 상부판의 플랜지와 하부판의 플랜지를 맞대고 브레이징 용접하여 접착시키는 단계; 상기 상부판의 플랜지와 하부판의 플랜지의 접합부에 형성된 주입구를 통하여 노즐을 결합하고, 진공펌프를 이용하여 내부 공간을 진공화하는 단계; 상기 주입구를 통하여 순수한 물을 충진하는 단계를 포함하는 것을 특징으로 한다.

또한 상기 상부판과 하부판은 스테인리스 재질로 성형하고, 상기 브레이징 용접이 적용되는 상기 상부판과 하부판의 접합부에 Ni 또는 Ni계 합금으로 도금하며, 상기 금속메쉬층은 스테인리스 재질로 성형되는 80~200mesh 금속망이며, 상기 보강 구조물은 스테인리스 재질의 금속망으로 성형하고, 상기 브레이징 용접 시 분위기 온도는 700~900℃이고, 상기 진공펌프를 이용하여 내부 공간을 진공화하는 경우, 상기 내부 공간의 진공도는 10^{-2}Torr이며, 상기 순수한 물은 전체 내부 공간에 대해 25~40%를 차지하는 것을 특징으로 한다.

(6) 발명의 효과

본 발명에 따르면 배터리팩에서 발생하는 열을 방출하는 종래기술보다 얇고 가벼운 두께로 성형할 수 있고, 제조비용을 절감할 수 있다.

본 발명에 따르면 스테인리스 재질의 상부판과 하부판을 맞대어 브레이징 용접을 이용하여 접합하고, 상부판과 하부판 사이의 내부 공간을 진공화시킨 후 작동유체로서 순수한 물을 충진함으로써 방열 효율을 향상시킬 수 있다.

본 발명에 따르면 방열 효율의 향상으로 배터리 셀들에서 발생하는 온도 편차를 줄여 배터리 셀들의 온도 불평형으로 인한 배터리팩의 성능 저하 및 수명 저하를 줄일 수 있다.

본 발명에 따르면 상부판과 하부판 사이에 보강 구조물로서 격자 형태의 금속망을 설치함으로써 방열장치의 제조 과정에서 발생할 수 있는 외형 변형과 손상을 줄일 수 있다.

본 발명에 따르면 상부판과 하부판을 맞대어 브레이징 용접으로 접착 시 상부판과 하부판의 접합부에 Ni 또는 Ni 합금을 도금하여 접착력을 강화시킴으로써 기밀성을 높일 수 있다.

(7) 도면의 간단한 설명

도 1은 본 발명의 실시 예에 따른 배터리팩 방열장치의 사용 예를 나타낸 도면이다.

도 2는 본 발명의 실시 예에 따른 배터리팩 방열장치의 분해 사시도이다.

도 3은 본 발명의 실시 예에 따른 배터리팩 방열장치의 상부판의 플랜지와 하부판의 플랜지를 맞대어 브레이징 용접한 후 진공펌프를 이용하여 내부 공간을 진공화하는 과정과 순수한 물을 공급하여 충전하는 과정을 설명하기 위한 도면이다.

도 4는 본 발명의 실시 예에 따른 배터리팩 방열장치의 제조 방법을 설명하기 위한 흐름도이다.

(8) 발명을 실시하기 위한 구체적인 내용

이하 첨부한 도면을 참조하여 본 발명의 실시 예를 설명함으로써 본 발명을 설명한다. 각 도면에 제시된 동일한 참조부호는 동일한 부재를 나타낸다. 또한 본 발명을 설명함에 있어 관련된 공지 기능 또는 구성에 대한 구체적인 설명이 본 발명의 요지를 불필요하게 흐릴 수 있다고 판단되는 경우에는 그 상세한 설명을 생략할 것이다. 또한 어떤 부분이 어떤 구성요소를 '포함'한다고 할 때, 이는 특별히 반대되는 기재가 없는 한 다른 구성요소를 제외하는 것이 아니라 다른 구성요소를 더 포함할 수 있는 것을 의미한다.

도 1에 도시된 바와 같이 본 발명의 실시 예에 따른 배터리팩 방열장치(10)는 배터리팩(1) 일측에 결합된다. 실시 예에서 배터리팩 방열장치(10)가 배터리팩(1) 상면에 적층 결합된 구조를 적용하고 있으나, 이에 한정하는 것은 아니며 복수의 배터리팩 방열장치(10)가 배터리팩(1)의 상면과 하면을 커버하는 형태로 설치될 수도 있다.

배터리팩(1)은 전기차의 전기공급원으로 사용할 수 있다. 배터리팩(1) 내부에는 격벽(1a)에 의해 구획되는 공간에 복수의 배터리 셀이 장착된다.

도 2를 참고하여 배터리팩 방열장치(10)는 상부판(4)과 하부판(5) 사이에 설치된 한 쌍의 금속메쉬층(6)(7)과 보강 구조물(8)을 포함할 수 있다.

이러한 배터리팩 방열장치(10)는 얇고 가볍게 성형할 수 있으며, 예를 들어 3mm 두께로 제조할 수 있다.

도 3에 도시된 바와 같이 상부판(4)과 하부판(5)을 맞대어 결합 시 내부 공간을 형성할 수 있도록 단부가 절곡 형성되고, 상부판(4)의 플랜지(4a)와 하부판(5)의 플랜지(5a)가 서로 대향하여 면접촉할 수 있다.

상부판(4)과 하부판(5)은 스테인리스 재질로 성형할 수 있다.

하나의 금속메쉬층(6)은 상부판(4)의 내면에 열압착으로 부착되고, 다른 하나의 금속메쉬층(7)은 하부판(5)의 내면에 열압착으로 부착된다. 상부판(4)과 하부판(5)을 결합 시 상부의 금속메쉬층(6)과 하부의 금속메쉬층(7)은 서로 대향하여 설치된다. 한 쌍의 금속메쉬층(6)(7)은 스테인리스 재질로 성형되고 80~200mesh 금속망을 사용할 수 있다.

보강 구조물(8)은 상부판(4)과 하부판(5) 내부에 설치되어 강성을 보강함으로써 배터리팩 방열장치(10)의 제조 과정에서 발생할 수 있는 외형 변형과 손상을 줄일 수 있으며, 스테인리스 재질의 금속망으로 성형할 수 있다.

상부판(4)과 하부판(5) 사이에 한 쌍의 금속메쉬층(6)(7), 보강 구조물(8)이 수용되어 설치된 경우, 상부판(4)의 플랜지(4a)와 하부판(5)의 플랜지(5a)를 맞대어 브레이징 용접을 이용하여 서로 대향하는 플랜지들(4a)(5a) 간의 접촉면(5b)을 접합시킴으로써 내부 공간의 기밀성을 높일 수 있다.

스테인리스 재질의 상부판(4)과 하부판(5)의 용접 품질을 향상시키기 위하여 브레이징 용접이 적용되는 상부판(4)과 하부판(5)의 접합부, 즉 상부판(4)의 플랜지(4a)와 하부판(5)의 플랜지(5a)에 Ni 또는 Ni계 합금으로 도금할 수 있다. 이때 브레이징 용접은 700~900℃의 분위기 온도에서 실시할 수 있다.

상부판(4)의 플랜지(4a)와 하부판(5)의 플랜지(5a)는 하향 돌출된 엠보싱 구조로 성형되고, 상부판(4)의 플랜지(4a)에는 주입구(4b)를 성형한다. 주입구(4b)는 접합면 사이의 틈새(9)에 연결되어 내부 공간과 연통하는 유로를 형성할 수 있다.

주입구(4b)에 주입 노즐(13)이 탈부착 가능하게 결합할 수 있다.

주입 노즐(13)이 주입구(4b)에 직접 결합하는 것으로 한정하는 것은 아니며, 도 3의 우측에 도시된 바와 같이 주입구(4b)에 보조꼭지(18)를 설치한 후 이 보조꼭지(18)에 주입 노즐(13)을 결합시킬 수 있다. 보조꼭지(18)는 직경 1mm 동파이프를 사용할 수 있다.

주입 노즐(13)의 일측에 유로 절환부(15)가 연결되고, 유로 절환부(15)의 일측에 제 1유로(14)를 매개로 진공펌프(12)가 설치되고, 유로 절환부(15)의 타측에 제 2유로(17)를 매개로 유체공급부(16)가 설치될 수 있다.

주입구(4b)에 주입 노즐(13)이 결합되고 유로 절환부(15)에 의해 제 1유로(14)가 열리고 제 2유로(17)가 닫힌 상태에서 진공펌프(12)를 동작시키면 브레이징 용접에 의해 상호 접합된 상부판(4)과 하부판(5)의 내부 공간을 진공화시킬 수 있다. 실시 예에서 내부 공간의 진공도는 10^{-2}Torr로 설정하였으나, 이에 한정되는 것은 아니며, 설치 환경을 고려하여 진공도 범위를 설정할 수 있다.

한편 주입구(4b)에 주입 노즐(13)이 결합되고 유로 절환부(15)에 의해 제 2유로(17)가 열리고 제 1유로(14)가 닫힌 상태에서 유체 공급부(16)를 동작시키면 상호 접합된 상부판(4)과 하부판(5)의 내부 공간에 작동유체를 충전할 수 있다. 실시 예에서 유체 공급부(16)는 도시하지 않은 유체 저장탱크에 연결된 고압 펌프를 사용하며, 실시 예에서 유체 저장탱크에 저장되는 작동유체로서 순수한 물을 사용할 수 있다. 이러한 유체 공급은 전체 내부 공간에 대해 순수한 물이 25~40%를 차지하는 범위에서 이루어질 수 있다.

상부판(4)과 하부판(5)을 맞대어 브레이징 용접으로 접합시킨 후 진공화 과정과 유체 충진 과정을 완료하는 경우 주입구(4b)에서 주입 노즐(13)을 분리한 후 주입구(4b)를 용접 모재로 용접하여 막음 처리함으로써 내부 공간을 밀봉시키게 된다.

이와 같이 배터리팩 방열장치(10)는 배터리팩(1)에 결합되어 배터리 셀에서 발생하는 열을 효율적으로 방출할 수 있다.

이하에서는 본 발명의 실시 예에 따른 배터리팩 방열장치의 제조 방법을 도 4에 따라 설명한다.

먼저, 상부판(4)과 하부판(5)을 절곡 벤딩한다(100). 예를 들어, 상부판(4) 테두리를 구부려 플랜지(4a)를 성형하고, 하부판(5) 테두리를 구부려 플랜지(5a)를 성형하며, 하나의 플랜지(4a)와 대향하는 다른 하나의 플랜지(5a)를 맞대어 접합 시 상부판(4)과 하부판(5) 사이에 내부 공간을 형성할 수 있다. 상부판(4)과 하부판(5)은 금속 재질로서 스테인리스 재질로 성형할 수 있다

이어 상부판(4)의 내면과 하부판(5)의 내면에 한 쌍의 금속메쉬층(6)(7)을 열압착으로 부착하고, 상부판(4)과 하부판(5) 사이의 내부 공간에 보강 구조물(8)을 고정 설치한다(110). 상부판(4)의 내면에 금속메쉬

층(6)을 부착하고 하부판(5)의 내면에 금속메쉬층(7)을 부착하며, 한 쌍의 금속메쉬층(6)(7)을 서로 대향하게 된다. 금속메쉬층(6)(7)은 스테인리스 재질로 성형되는 80~200mesh 금속망을 사용할 수 있다. 보강구조물은 스테인리스 재질의 금속망으로 성형하는데, 금속메쉬층(6)(7)보다 메쉬 크기가 월등히 큰 금속망을 사용한다.

이어 상부판(4)의 플랜지(4a)와 하부판(5)의 플랜지(5a)를 맞대고 브레이징 용접하여 접착시킨다(120). 여기서 스테인리스 재질로 성형되는 상부판(4)과 하부판(5)의 기밀성을 높이기 위하여 브레이징 용접을 실시하기 전에 상부판(4)과 하부판(5)의 플랜지(4a)(5a)에 Ni 또는 Ni계 합금으로 도금할 수 있고, 브레이징 용접 시 700~900℃ 분위기 온도를 조성할 수 있다.

이어 상부판(4)의 플랜지(4a)와 하부판(5)의 플랜지(5a)의 접합부에 형성된 주입구(4b)를 통하여 주입노즐(13)을 결합하고 진공펌프(12)를 이용하여 내부 공간을 진공화시킨다(130). 이때 유로 절환부(15)가 제 1유로(14)를 열고 제 2유로(17)는 닫게 되는데, 내부 공간의 진공도가 10^{-2}Torr를 충족하도록 진공펌프(12)를 이용하여 내부 공간을 진공화한다.

이어 주입구(4b)를 통하여 내부 공간에 작동유체로서 순수한 물을 공급하여 충진한다(140). 이때 유로 절환부(15)가 제 2유로(17)를 열고 제 1유로(14)는 닫게 되는데, 유체 공급부(16)에 의해 유체 저장탱크에 저장된 작동유체로서 순수한 물이 충진된다. 순수한 물은 전체 내부 공간에 대해 25~40%를 차지할 수 있다.

이후 최종적으로 주입구(4b)를 용접 모재로 용접하는 막음 처리를 통하여 배터리팩 방열장치(10)를 제조하게 된다(150).

전술한 본 발명의 설명은 예시를 위한 것이며, 본 발명이 속하는 기술 분야의 통상의 지식을 가진 자는 본 발명의 기술적 사상이나 필수적인 특징을 변경하지 않고서 다른 구체적인 형태로 쉽게 변형이 가능하다는 것을 이해할 수 있을 것이다.

(9) 부호의 설명

1 : 배터리팩	4 : 상부판
5 : 하부판	6, 7 : 금속메쉬층
8 : 보강 구조물	10 : 방열장치
12 : 진공펌프	13 : 주입 노즐

(10) 청구범위

1) 청구항 1

배터리 셀을 구비한 배터리팩에 접촉하는 금속 재질의 하부판;
상기 하부판에 결합되어 내부 공간을 형성하고 상기 하부판과 동일한 금속 재질의 상부판;
상기 하부판과 상부판에 의해 형성되는 내부 공간에 설치된 보강 구조물;
상기 내부 공간에 충진되는 작동유체를 포함하되,
상기 하부판의 플랜지와 상기 상부판의 플랜지의 접촉면을 맞대어 브레이징 용접을 이용하여 접합시킴으로써 내부 공간을 밀봉하는 것을 특징으로 하는 배터리팩 방열장치.

2) 청구항 2

제1항에 있어서,
상기 보강 구조물은 스테인리스 재질의 금속망으로 성형하는 것을 특징으로 하는 배터리팩 방열장치.

3) 청구항 3

제1항에 있어서,
상기 하부판의 내면과 상기 상부판의 내면에 각각 열압착으로 부착되고 스테인리스 재질로 성형되는 금속메쉬층을 포함하고,
상기 금속메쉬층은 80~200mesh 금속망인 것을 특징으로 하는 배터리팩 방열장치.

4) 청구항 4

제1항에 있어서,
상기 상부판과 하부판은 스테인리스 재질로 성형하고,
상기 브레이징 용접이 적용되는 상기 상부판과 하부판의 접합부에 Ni 또는 Ni계 합금으로 도금하며,
상기 브레이징 용접 시 분위기 온도는 700~900℃인 것을 특징으로 하는 배터리팩 방열장치.

5) 청구항 5

제1항에 있어서,

상기 브레이징 용접을 실시한 후 진공펌프를 이용하여 내부 공간을 진공화하는 경우, 상기 내부 공간의 진공도는 10^{-2}Torr인 것을 특징으로 하는 배터리팩 방열장치.

6) 청구항 6

제1항에 있어서,

상기 작동유체는 순수한 물을 사용하며,

상기 순수한 물은 전체 내부 공간에 대해 25~40%를 차지하는 것을 특징으로 하는 배터리팩 방열장치.

7) 청구항 7

금속 재질의 하부판과 상기 하부판과 동일한 금속 재질의 상부판을 맞대어 접합 시 내부 공간을 형성할 수 있도록 상부판과 하부판을 절곡 벤딩하는 단계;

상기 상부판의 내면과 하부판의 내면에 금속메쉬층을 열압착으로 부착하고, 상기 상부판과 하부판 사이에 형성된 내부 공간에 보강 구조물을 고정 설치하는 단계;

상기 상부판의 플랜지와 하부판의 플랜지를 맞대고 브레이징 용접하여 접착시키는 단계;

상기 상부판의 플랜지와 하부판의 플랜지의 접합부에 형성된 주입구를 통하여 노즐을 결합하고 진공펌프를 이용하여 내부 공간을 진공화하는 단계;

상기 주입구를 통하여 순수한 물을 충진하는 단계들 포함하는 것을 특징으로 하는 배터리팩 방열장치의 제조 방법.

8) 청구항 8

제7항에 있어서,

상기 상부판과 하부판은 스테인리스 재질로 성형하고,

상기 브레이징 용접이 적용되는 상기 상부판과 하부판의 접합부에 Ni 또는 Ni계 합금으로 도금하며,

상기 금속메쉬층은 스테인리스 재질로 성형되는 80~200mesh 금속망이며,

상기 보강 구조물은 스테인리스 재질의 금속망으로 성형하고,

상기 브레이징 용접 시 분위기 온도는 700~900℃이고,

상기 진공펌프를 이용하여 내부 공간을 진공화하는 경우, 상기 내부 공간의 진공도는 10^{-2}Torr이며, 상기 순수한 물은 전체 내부 공간에 대해 25~40%를 차지하는 것을 특징으로 하는 배터리팩 방열장치의 제조 방법.

(11) 요약서

1) 요약

개시된 발명은 스테인리스 재질의 상부판과 하부판을 맞대어 브레이징 용접을 이용하여 접합하고, 상부판과 하부판 사이의 내부 공간을 진공화시킨 후 작동유체로서 순수한 물을 충진함으로써 방열 효율을 향상시킬 수 있다. 본 발명은 상부판과 하부판 사이에 보강 구조물로서 격자 형태의 금속망을 설치함으로써 방열장치의 제조 과정에서 발생할 수 있는 외형 변형과 손상을 줄일 수 있고, 상부판과 하부판을 맞대어 브레이징 용접으로 접착 시 상부판과 하부판의 접합부에 Ni 또는 Ni 합금을 도금하여 접착력을 강화시킴으로써 기밀성을 높일 수 있다.

2) 대표도

① 도 1

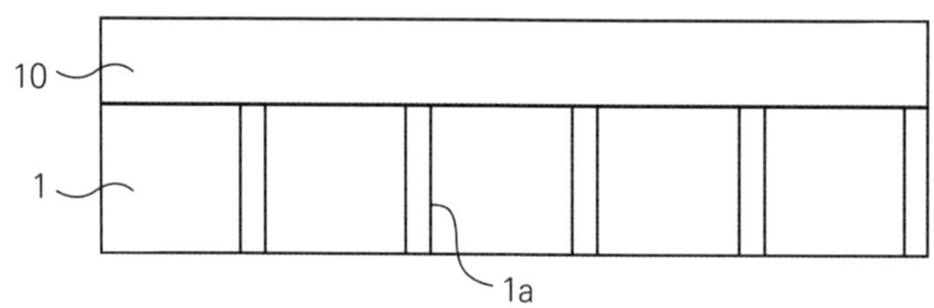

② 도 2

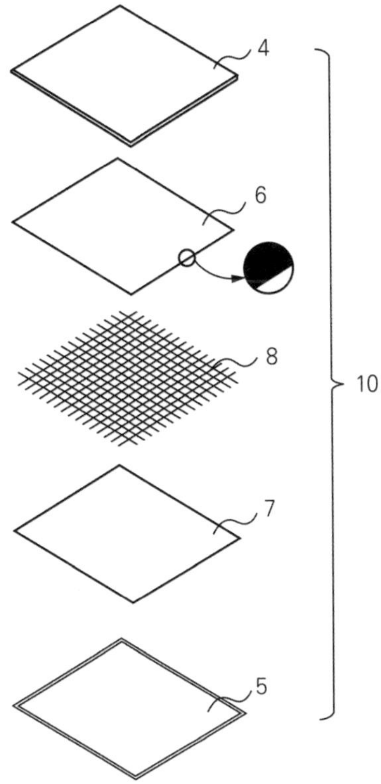

③ 도 3

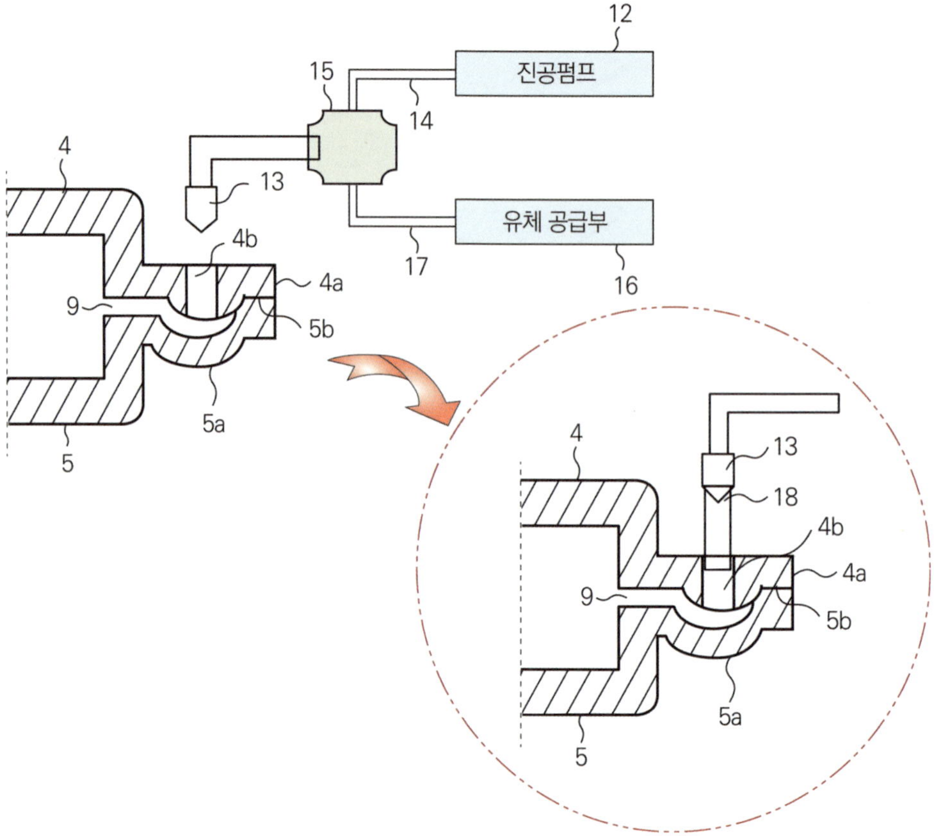

④ 도 4

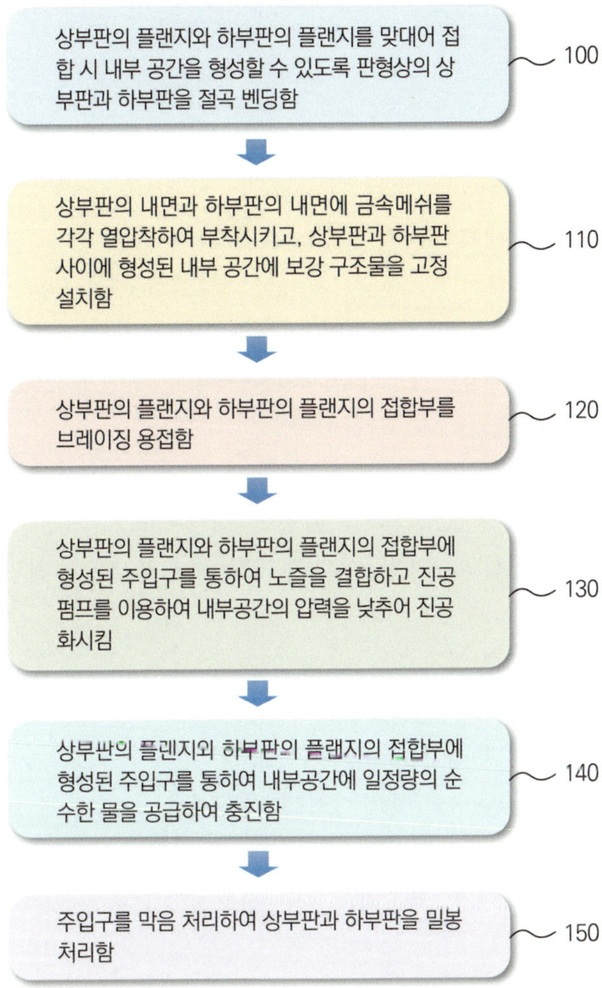
상부판의 플랜지와 하부판의 플랜지를 맞대어 접합 시 내부 공간을 형성할 수 있도록 판형상의 상부판과 하부판을 절곡 벤딩함
100
상부판의 내면과 하부판의 내면에 금속메쉬를 각각 열압착하여 부착시키고, 상부판과 하부판 사이에 형성된 내부 공간에 보강 구조물을 고정 설치함
110
상부판의 플랜지와 하부판의 플랜지의 접합부를 브레이징 용접함
120
상부판의 플랜지와 하부판의 플랜지의 접합부에 형성된 주입구를 통하여 노즐을 결합하고 진공 펌프를 이용하여 내부공간의 압력을 낮추어 진공화시킴
130
상부판의 플랜지와 하부판의 플랜지의 접합부에 형성된 주입구를 통하여 내부공간에 일정량의 순수한 물을 공급하여 충진함
140
주입구를 막음 처리하여 상부판과 하부판을 밀봉 처리함
150

참고문헌

이국환, “스마트폰 개발전략(Development Strategy of Smart Phone)”, 기전연구사, 2020.

이국환, “스마트폰 개발과 설계기술”, 기전연구사, 2020.

이국환, “최신 제품설계(Advanced Product Design)”, 기전연구사, 2017.

이국환, “4차 산업혁명의 핵심소재, 플라스틱 미래산업에 답하다”, 기전연구사, 2019.

이국환, “미래창조를 위한 창의성”, 카오스북, 2013(문화체육관광부 선정 2014년 과학기술분야 우수학술도서).

이국환, “전자제품 기구설계 강의자료”, 2018~2022.

이국환 외 공저, “3차원 CAD SolidWorks를 활용한 해석(CAE)”, 기전연구사, 2009.

이국환 외 공저, “설계사례중심의 3차원 CAD SolidWorks 2015”, 기전연구사, 2015.

이국환 외 공저, “AutoCAD 2023", 기전연구사, 2022.

이국환, “기계시스템응용설계 강의자료”, 2019~2022.

이국환, “교육 · 강연 · 세미나 자료 등”, 2020.

이국환, “연구개발 및 기술이전 자료, 논문 등”, 2019.

㈜피엠모터스(www.pmmotors.co.kr) 냉각시스템 기술자료.

㈜피엠모터스 특허출원자료(출원번호 10-2020-0102164), 2020.

한국특허정보원(www.kipris.or.kr), 키프리스 특허정보넷.

구글 검색.

네이버 검색.

다음 검색.

위키피디아(wikipedia)

www.google.com/scholar(scholar.google.com)

www.google.com/patents(patents.google.com)

찾아보기

[한글]

ㄱ

ㄴ

ㄷ

ㄹ

ㅁ

ㅂ

ㅅ

ㅍ

ㅎ

기타

[영문]

A

B

C

D

E

F

G

H

I

L

M

O

P

R

S

T

V

W

저자 소개

이국환(李國煥)

한양대학교 정밀기계공학과와 동 대학원을 졸업한 후 한국산업기술대학교에서 기계시스템응용설계 관련 박사학위를 받았다. 35년 이상 대우자동차 연구소, LG전자 중앙연구소, 대학교에서 기계·시스템 및 부품·소재, 전자·정보통신, 환경·에너지, 의료기기 산업 등에서 아주 다양한 융·복합기술 분야의 첨단 R&D, 제품개발 및 프로젝트를 수행하였다.
주요 내역은 다음과 같다.

- LG전자 특허발명왕 2년(1992년~1993년) 연속 수상(회사 최초)
- LG그룹 연구개발 우수상 수상(1996년) - 국내 최초 및 세계 최소형·최경량 PDA(개인휴대정보단말기) 개발로 1996년 한국전자전시회 국무총리상 수상
- 문화관광부 선정 과학기술분야 우수학술도서 저술상 3회 수상(1998년, 2001년, 2014년)-국내 최다
- 2021년 제39회 한국과학기술도서상 출판대상 수상(과학기술정보통신부장관상)-"이국환 교수와 함께하는 스마트폰 개발과 설계기술" 시리즈 총 3권
- "중소기업을 위한 지식재산관리 매뉴얼" 자문 및 감수위원(특허청, 대한변리사회)
- LG전자, 삼성전자, 에이스안테나, 만도 등 다수 기업(BM 발굴·개발 및 현업문제해결 컨설팅, 특강)과 현대·기아 차세대 자동차 연구소(창의적 문제해결 방법론 교육)
- 삼성전기에서 제품개발 및 설계 직무교육
- 정부출연연구기관, 한국산업단지공단, 중소기업진흥공단, 한국생산성본부, 지자체, 대학교 등에서 창의적 제품개발, 신사업발굴, R&D전략 및 기술사업화(R&BD), 창의적 문제해결 방법론 등 교육 및 강의
- 첨단 제품 및 시스템 관련 미국특허(2건), 중국특허(2건) 및 국내특허 20여개 보유

현재 한국공학대학교에서 기계시스템응용설계, 창의적 공학설계, ICT 제품설계·개발 등과 더불어 대학원에서 기술사업화 및 R&D전략, 특허기반의 제품·시스템개발 및 기술사업화(IP-R&D, R&BD), 기술경영(MOT) 등을 가르치고 있으며, 정부 R&D 개발사업화 과제 선정 및 평가위원장 등 다수 역할을 수행하고 있다.
또한 다양한 융·복합기술 분야에서 창의적이며 혁신적인 특허·지식재산권(PM : Personal Mobility, 전동개인이동수단 관련 다수의 국내 및 미국특허등록, 중국특허등록, 해외특허 PCT 출원)을 보유하고 있으며, 이를 활용한 글로벌 혁신적, 창의적이며 차별화된 첨단 제품과 시스템 개발에도 열정을 쏟고 있다. (주)피엠모터스(www.pmmotors.co.kr) 창업가 겸 원천기술 개발자(30여 편의 국내외 특허 보유)로 과학자, 공학자, 발명가로 활동 중이다.
다음과 같은 전문 분야에서도 활발한 활동을 하고 있다.

- 창의성·창의적 문제해결의 방법론 및 창의적 개념설계안의 도출·구체화
- 혁신적·창의적 개념설계(Concept design) R&D 및 선구과제 아이템 창출
- 선행 연구개발 및 창의적(Creative) 도전기획과제 발굴 및 창출
- 특허기술의 사업화(Open innovation), 특허분석 및 회피설계
- 제품개발과 기술사업화 전략, 사업아이템 발굴 및 BM(비즈니스 모델) 전략 수립
- 제품·시스템설계 및 개발공학, 동시공학적 개발(CAD/CAE/CAM), 원가절감(VE) 및 생산성(Q.C.D) 향상
- 기술예측, R&D 평가 등

저서로는 〈알기쉬운 도면연습〉, 〈알기쉬운 기계제도 도면해석〉, 〈제품·서비스 플랫폼 개발전략〉, 〈스마트폰 해석과 개선설계〉, 〈플라스틱 응용과 재활용〉, 〈플라스틱 금형·사출성형과 제품설계〉, 〈복합 엔지니어링 플라스틱 및 응용〉, 〈수퍼 엔지니어링 플라스틱 및 응용〉, 〈엔지니어링 플라스틱 및 응용〉, 〈플라스틱 개론과 제품설계〉, 〈설계사례 중심의 기구설계(개정증보판)〉, 〈스마트폰 부품목록과 설계도면〉, 〈스마트폰 개발전략(Development Strategy of Smart Phone)〉, 〈스마트폰 개발과 설계기술〉, 〈최신 제품설계(Advanced Product Design)-ICT 및 융·복합 제품개발을 위한〉, 〈4차 산업혁명의 핵심소재, 플라스틱 미래산업에 답하다〉, 〈최신 기계도면 보는 법〉, 〈메커니즘 사전〉, 〈제품설계·개발공학〉, 〈제품개발과 기술사업화 전략〉, 〈동시공학기술(Concurrent Engineering & Technology)〉, 〈설계사례 중심의 기구설계〉, 〈2차원 CAD AutoCAD 2020, 2019, 2018, 2017, 2016, 2015, 2014 등〉, 〈3차원 CAD SolidWorks 2015, 2013, 2011 등〉, 〈SolidWorks를 활용한 해석·CAE〉, 〈3차원 CAD Pro-ENGINEER Wildfire 2.0 등〉, 〈기계도면의 이해 Ⅰ·Ⅱ〉, 〈2D 드로잉 및 3D 모델링 도면 사례집〉, 〈미래창조를 위한 창의성〉, 〈알파고 시대, 신인류 인재 육성 프로젝트〉 등 제품설계 및 개발, R&D, 기술사업화, CAD/CAE, 특허, 창의성, 창의적인 혁신제품의 개발전략 분야 등 상품기획, 제품설계 및 생산에 이르는 전분야·전주기에 걸친 총 76권의 관련 저서가 출간되어 있다.